THE AUSTRALIAN Women's Weekly

VEGETARIAN

· 悦享生活系列丛书 ·

DK

素食

营养鲜美的日常食谱

澳大利亚《澳大利亚妇女周刊》 **著**

任广旭　龙芳羽　**译**

科学普及出版社
·北　京·

Australian Women's Weekly Vegetarian: Flavoursome, Nutritious Everyday Recipes
Copyrigh © Dorling Kindersley Limited, 2021
A Penguin Random House Company

图书在版编目（CIP）数据

素食：营养鲜美的日常食谱 / 澳大利亚《澳大利亚
妇女周刊》著；任广旭，龙芳羽译 . -- 北京：科学普
及出版社，2023.4
（悦享生活系列丛书）
书名原文：Australian Women's Weekly
Vegetarian：Flavoursome, Nutritious Everyday
Recipes
ISBN 978-7-110-10563-4

Ⅰ.①素…　Ⅱ.①澳…　②任…　③龙…　Ⅲ.①素菜—
菜谱　Ⅳ.①TS972.123

中国国家版本馆 CIP 数据核字（2023）第 042510 号

策划编辑　　周少敏　　符晓静
责任编辑　　王晓平
封面设计　　中文天地
正文设计　　中文天地
责任校对　　焦　宁
责任印制　　徐　飞

科学普及出版社
http://www.cspbooks.com.cn
北京市海淀区中关村南大街 16 号
邮政编码：100081
电话：010-62173865　传真：010-62173081
中国科学技术出版社有限公司发行部发行
广东金宣发包装科技有限公司印刷
开本：787mm×1092mm　1/16
印张：12　字数：134 千字
2023 年 4 月第 1 版　2023 年 4 月第 1 次印刷
ISBN　978-7-110-10563-4 / TS·153
定价：98.00 元

For the curious

www.dk.com

目　录

植物基食品的乐趣

蔬菜、水果、坚果、豆类……都是美味和新鲜的植物基食品。无论你出于什么原因选择无肉食物，植物基食品带给我们的益处是毋庸置疑的。

为什么选择素食

近年来，喜欢吃素的人越来越多，植物基食品受到的重视比以往任何时候都多，越来越多的人选择在每日膳食中加入更多的植物基食品。无论是基于健康的考虑，还是基于对保护环境的考虑，素食都是社会关注的焦点。

吃素食并不是什么新鲜事。几百年来，世界上很多文化和宗教一直都奉行素食主义。现代，也有很多素食主义者出于坚持动物保护主义的考虑，避免吃动物性食物。其实，那些坚持完全素食或大部分素食的人对我们脆弱的生态系统的保护作用微小。但是随着我们变得更加关注健康和食物来源，不吃肉类食物已经成为一种主流的选择。当今世界，过度消耗加工肉类已经对我们的身体和地球造成了伤害，减少动物性食品的摄取对健康有很多益处。很多研究已经发现，大多数吃素食的人会活得更久一些，体脂少，患2型糖尿病、心脏病、消化道疾病以及一些癌症的风险都要比那些吃肉多的人低。即便不是严格地遵从素食要求，只要在饮食中多添加一些植物基食品，也会给您的健康带来很多益处。

素食的许多"面孔"

素食有很多种类，所以本书介绍了不同类型的素食食谱，包括乳类素食：适合吃奶制品但不吃肉、鱼或蛋的人食用；蛋素食：适合只吃蛋不吃肉、鱼和奶制品的人食用；乳蛋素食：适合只吃鸡蛋和奶制品，但不吃肉或鱼的人食用；完全素食：适合不吃肉、鱼、蛋或奶制品的人食用。现在，素食在很多地方都可以买到，可选择素食的口味和组合比以往任何时候都多。你可以通过各种方式来享受多样、营养和看起来很有食欲的植物基食品。

保持饮食均衡

在很多西方国家，素食主义者的饮食营养摄取量比杂食人群的更加接近推荐量。素食主义者的饮食中膳食纤维所占的比例很高，如水果、蔬菜、谷物等，可以为身体更好地提供能量，满足人体发挥最佳功能所需的营养。由于不吃肉，素食主义者的脂肪和盐的总摄取量更少。总的来说，人应该少吃含高脂肪，尤其是饱和脂肪的食物，如椰子油和棕榈油。日常摄取太多乳制品、脂肪或糖类可能会导致膳食失衡。

一个开始吃素的人，很容易通过摄取大量的糖类来补偿肉类的缺乏。更重要的是确保摄取足够的热量，如种类繁多的水果、蔬菜、坚果。这可以全方位地为你提供保持健康所需的营养和矿物质。

一个计划周密的素食主义者的目标应该是轻松满足自己所有的日常营养需求。如果你遵循素食主义饮食，要注意补充那些以前很容易从动物性食物中获取但很难从植物基食品中获取的营养物质。对于一个以植物为基础饮食的人来说，遵循食物的推荐量对保持身体健康尤为重要。

满足营养需求

大部分的营养物质都可以在各种各样的植物基食品中找到来源。素食主义者应该注意摄取一些关键营养物质，这些营养物质的缺乏会导致出现一些健康方面的问题。以下是一些素食主义者最容易缺乏的营养物质及其来源。

钙：乳制品、坚果、种子、豆类、大豆产品、深色绿叶蔬菜、强化无糖大米和燕麦饮料。

碘：少量碘盐，海产蔬菜，如海苔、紫菜、海带、食用海藻或海菜。

铁：坚果、豆制品、扁豆、燕麦、干果、深色绿叶蔬菜（富含维生素 C，有助于身体吸收铁）。

ω-3 脂肪酸：鸡蛋、亚麻籽、芝麻、南瓜子、核桃、海藻。

蛋白质：全谷物、豆类、鸡蛋、牛奶、坚果、种子、豆制品。

维生素 B_{12}：没有一种植物基食品含有足够的维生素 B_{12}，所以素食主义者要特别注意补充维生素 B_{12}，作为均衡饮食的一部分需要服用补充剂。

维生素 C：番茄、红辣椒、柑橘类水果、西兰花、浆果。

维生素 D：强化食品、维生素 D 补充剂、晒太阳（注意保护皮肤）。

锌：全谷物、坚果、南瓜子、小麦胚芽、豆制品。

清淡素食

这些别出心裁的素食菜肴营养丰富、味道美妙
是午餐或清淡晚餐的完美选择。

烤蔬菜配罗勒和羊奶粥

乳类素食 | 准备 + 烹饪时间 50 分钟 | 6 人份

波伦塔（polenta）是一种在意大利商店售卖的玉米糊，由玉米面研磨而成，可以油炸、烘焙或作为奶油泥食用。它是米饭或意大利面的绝佳替代品，也是制作丰盛的素食佳肴的基础。

500 克南瓜，粗切碎

2 个大西葫芦（300 克），粗切碎

2 个中等大小的红洋葱（340 克，每个切成 4 份）

2 个大红辣椒（或者胡椒，700 克），粗切碎

5 克孜然

10 克香菜，切成段

2.5 克干辣椒片

2 瓣蒜，压碎

60 毫升橄榄油

盐和新鲜磨碎的黑胡椒

30 毫升红酒醋

1.5 升蔬菜储备

250 克波伦塔

200 克丹麦羊乳酪，切碎

10 克新鲜罗勒叶

45 克粗切烤榛子

1 将烤箱预热至220℃，在两个大烤箱托盘上铺上烘焙纸。

2 将南瓜、西葫芦、红洋葱、红辣椒、孜然、香菜、大蒜和橄榄油放入大碗中，用盐和黑胡椒调味。把蔬菜放在托盘上烤30分钟，直到蔬菜变得金黄柔软，淋上醋。

3 同时，把汤放在一个大平底锅里煮沸；缓慢地加入波伦塔，不停地搅拌。转小火，慢炖，搅拌，等10分钟直到玉米粥变稠。加入125克羊乳酪搅拌均匀，加入7克罗勒叶。

4 马上倒出玉米粥，上面撒上蔬菜、榛子和剩余的羊乳酪和罗勒叶。

纳西戈伦炒米饭

蛋素食 | 准备 + 烹饪时间 45 分钟 | 4 人份

Nasi Goreng 是印度尼西亚的一道传统菜肴，中文翻译为"炒米饭"。印度尼西亚厨师通常会将手头上的任意食材与前一天的剩饭混合，并搭配桑巴酱（一种辣椒酱）一起食用，制成一种地道的美食。

400 克西兰花

375 克生菜

8 克新鲜香菜

4 个鸡蛋

15 毫升花生油

6 根青葱（150 克），切成两半，之后切成薄片

4 厘米的新鲜生姜，切成细火柴条

2 瓣蒜，压碎

2 个新鲜长红辣椒，切成薄片

150 克纽扣蘑菇，每个切成 4 瓣

100 克香菇，切成薄片

115 克小玉米粒，纵向切半

625 克熟糙米（见提示）

30 毫升甜酱油

5 毫升芝麻油

盐和现磨的黑胡椒粉

青柠片

1 把西兰花和生菜的茎剪掉，把茎秆切成10厘米长；把生菜叶子切成10厘米的小块，西兰花切成小块，保持茎和花分开。把香菜一半切碎，剩下的保留叶子。

2 将鸡蛋放入沸水中煮5分钟至软熟；捞出后放到冷水中，冷却后滤干水分，将鸡蛋去皮。

3 向锅中加入7.5毫升的花生油，开中火加热，将青葱炒8分钟直到变软呈浅金黄色；加入姜、大蒜和一半辣椒，炒4分钟直到变软；把它们转移到盘子里。

4 将剩余的花生油在锅中用中/高火加热；将蘑菇和小玉米炒4分钟直到变软。添加西兰花和生菜茎，炒3分钟。加入西兰花、生菜叶、熟米饭、甜酱油、芝麻油、葱混合物和香菜碎，炒3分钟直到大米变热，叶子变软。用盐和黑胡椒调味。

5 将鸡蛋、剩下的香菜和辣椒放在炒米饭上，配上青柠角。

提示

625 克熟糙米需要煮 300 克糙米。

五香芥蓝蘑菇炒面

完全素食 | 准备 + 烹饪时间 20 分钟 | 4 人份

中国五香粉由肉桂、丁香、茴香、八角和四川胡椒研磨混合而成。它包含了亚洲烹饪的所有味道——甜、酸、苦、咸和辣，从而使菜肴的味道鲜美。

450 克细乌冬面

430 克芥蓝

30 毫升花生油

2 瓣蒜，压碎

1 个新鲜的红辣椒，切成薄片

2.5 克中国五香粉

30 毫升素蚝油（见提示）

30 毫升甜酱油

2.5 毫升芝麻油

200 克香菇，切边

30 克炸青葱（见提示）

1 将乌冬面放入耐热碗中，加入开水，盖上盖子，用叉子抄起，沥干。

2 将芥蓝的茎和叶分开，切碎；切碎的茎和叶分开放。

3 将花生油放入炒锅中用大火加热，放入大蒜、一半辣椒进行翻炒2分钟直到变软；加入中国五香粉和芥蓝茎，翻炒1分钟直到变软。

4 加入素蚝油、甜酱油、芝麻油和面条，翻炒1分钟至熟，加入芥蓝叶再煮1分钟，放入香菇。

5 将炒好的菜淋上炸青葱和剩余的辣椒即可食用。

提示

· 普通的蚝油由牡蛎及其盐水制成，素蚝油则由蘑菇制成。

· 炸青葱可在亚洲超市买到，您也可以自己制作，将去了皮的薄片大葱炸至金黄色即可。

日本卷心菜煎饼

蛋素食 | 准备 + 烹饪时间 50 分钟 + 放置 | 4 人份

卷心菜煎饼在日本被称为 okonomiyaki 即"大阪烧",在日本是一种街头食物(见提示)。它们由面糊和卷心菜做成,但与传统配料相差较大,您可根据自己的喜好加入喜欢的蔬菜。

255 克普通面粉

50 克生粉

2 个鸡蛋

375 毫升水

480 克细碎卷心菜

90 克粉色腌姜,切成薄片

30 毫升芝麻油

2 根大葱,切成葱花

15 克芝麻

烤蘸酱

60 毫升淡酱油

15 毫升米酒醋

10 毫升芝麻油

1 将面粉、玉米粉、鸡蛋和水放入大碗中搅拌,直到面糊混合均匀,静置15分钟。

2 同时,将烤箱预热至130℃,在烤箱托盘上铺上烘焙纸。

3 将食材放入小碗中制作烤蘸酱。

4 在面糊中加入卷心菜和生姜,搅拌均匀。

5 往煎锅中加入10毫升芝麻油用中火加热,用勺子将¼的面糊倒入锅中,摊平形成2.5厘米厚的薄饼,每面煎4分钟直到金黄熟透,转移到烤箱中保温。用剩下的油和面糊重复这个过程,一共做4个煎饼。

6 在煎饼上撒上葱、腌姜和芝麻,可与蘸酱一起食用。

提示

与大阪烧搭配的传统调味品是日本蛋黄酱和辛辣烤肉酱(如图所示)。

南瓜和羊奶馅饼

乳蛋素食 | 准备 + 烹饪时间 1 小时 30 分钟 + 冷藏 | 4 人份

不同于其他馅饼，这个馅饼的馅料不是被包裹起来的，而是将馅料放在饼皮的中间，将饼皮的边缘向内折叠起来形成卷边，属于乡村风味。如果你喜欢，也可以用红薯替换南瓜。

800 克日本南瓜，切成 3 厘米厚的碎块
2 个中等大小的红洋葱（约 340 克），切成楔形
10 克新鲜百里香叶
1 汤匙橄榄油
盐和现磨的黑胡椒粉
80 克乳酪，切碎
2 个马苏里奶酪球（约 70 克），撕碎
30 毫升新鲜百里香

奶油饼
185 克普通面粉
12.5 克海盐片
125 克冷奶油芝士，切碎
1 个鸡蛋
约 15 毫升冷水

蔬菜沙拉
100 克婴儿混合沙拉叶
10 克粗切碎的新鲜平叶欧芹
15 克新鲜小茴香枝
1 个中等大小的牛油果（约 230 克），切成火柴条
15 毫升橄榄油
15 毫升柠檬汁

1 将烤箱预热至200℃。

2 将南瓜、红洋葱和百里香叶放在烤箱托盘上，淋上橄榄油；用盐和黑胡椒调味；烤25分钟或更长时间直到变软，放凉。

3 同时，制作奶油饼。首先将面粉、盐和奶油芝士搅拌均匀；再加入鸡蛋和水，继续搅拌，直到形成面团；用手将面团揉至表面光滑，用保鲜膜包裹，冷藏20分钟。将面团在烘焙纸上制成30厘米的圆形饼。

4 把烘焙纸铺在烤盘上，将奶油饼放在烘焙纸上。在奶油饼上放上步骤2的南瓜混合物、乳酪和马苏里奶酪球，在四周留下4厘米的边界。将糕点的两面折叠在馅料上，打褶时，去除多余的馅料。

5 把馅饼烤30分钟直到呈金黄色，底部变硬就是熟透了。

6 同时，制作蔬菜沙拉。把原料放在一个大碗里轻轻搅拌混合，用盐和黑胡椒调味。

7 在馅饼上放上百里香叶，搭配沙拉一起食用。

烤豆腐包

完全素食 | 预备 + 烹饪时间 45 分钟 + 静置 | 4 人份

    豆腐含有丰富的蛋白质，脂肪含量低，是百分之百的素食。由于它具有多孔的质地，可以很好地吸收味道，所以经常被用于调味和腌制。这个食谱可以很容易地增加 1 倍或 3 倍，以便满足更多人的食用需求。

老豆腐 300 克

5 克烟熏辣椒粉

盐和现磨的黑胡椒粉

22.5 毫升番茄酱

22.5 毫升烟熏烧烤酱

60 毫升酱油

60 毫升米酒醋

30 克红糖

1 根黄瓜约 130 克，纵向切成薄片

1 个大胡萝卜约 180 克，纵向切成薄片

1 个新鲜的长形红辣椒，切成薄片

15 克白砂糖

30 毫升米酒醋单独放（步骤 4 用）

4 根新鲜香菜

15 克烤咸花生

4 个小的软白面包卷，切开

1 预热烤箱至200℃，在烤盘上涂上油，并铺上烘焙纸。

2 将豆腐放在铺有纸巾的盘子上，在上面扣上另一个盘子，静置10分钟。将豆腐横切成8片，把辣椒粉均匀涂抹在豆腐表面，用盐和黑胡椒调味。

3 把番茄酱、烧烤酱、酱油、醋和红糖放入小炖锅中，中火慢炖3分钟直到稍微变稠。把酱汁混合物倒在豆腐上，将豆腐转移到托盘上；烤20分钟直到豆腐变成金黄色，均匀涂上酱汁混合物。

4 将黄瓜、胡萝卜、辣椒、白砂糖和米酒醋放入中等大小的碗里，等待10分钟直到蔬菜变软。滤干水分。

5 食用时，将豆腐、腌菜、香菜和坚果放入面包卷中。

菜花汉堡

乳蛋素食 | 准备 + 烹饪时间 40 分钟 + 冷藏 | 4 人份

由花椰菜、甜菜根和白豆做成的经典素食汉堡，不仅可以完美地保持形状，而且超级有营养。为了使味道更好，可以淋上一些自制的柠檬蛋黄酱。

350 克甜菜根，去皮，切成粗粒
1 个小红洋葱（约 100 克），切成薄片
5 克盐片
60 毫升红酒醋
15 克红糖
30 克切碎的新鲜百里香
250 克花椰菜，粗切
140 克素食切达干酪
100 克罐装白豆，沥干水分，冲洗干净
70 克新鲜面包屑
30 克切碎的新鲜平叶欧芹
10 克切碎的柠檬皮
30 克去皮切碎的榛子，烤好
盐和现磨的黑胡椒粉
1 个轻轻打散的蛋清
30 毫升植物油
8 片大的圆形生菜
125 克樱桃番茄，对半切

柠檬蛋黄酱

100 克全蛋黄酱
10 克切碎的柠檬皮
10 毫升柠檬汁
盐和现磨的黑胡椒粉

提示

将剩下的甜菜根混合物放入密封容器中，最多可冷藏保存 1 周。

1　将甜菜根、洋葱、盐、醋、糖和百里香放入炖锅中，煮沸；转小火边煮边搅拌，烤20分钟直到甜菜根变软，有点黏稠，放凉。与此同时，将花椰菜煮、蒸或用微波炉加热至变软。挤干水分，放凉。将90克素食切达干酪切成4片，磨碎剩余的素食切达干酪。

2　将花椰菜和豆类放入食品加工机中，搅拌至粗切碎（不要过度加工）。将其转移到一个大碗中，加入¼杯（15克）面包屑、素食切达干酪、欧芹、柠檬皮和榛子；加入盐和黑胡椒调味，搅拌均匀，制成4个馅饼，冷藏30分钟。

3　制作柠檬蛋黄酱。在一个小碗中将材料搅拌均匀，用盐和黑胡椒粉调味。

4　将馅饼浸在蛋清中，将剩下的面包屑裹在馅饼上。

5　在一个大煎锅里用中火加热植物油，将馅饼每面煎4分钟至焦黄酥脆，用纸巾擦干。立即在上面放上融化的素食切达干酪。

6　将每个馅饼放在一片生菜叶上，在上面放上番茄和满满一勺甜菜根混合物。（只需要用一半的混合物，见提示）。淋上柠檬蛋黄酱，把剩下的生菜叶放在上面。

烤蔬菜加辣椒酱三明治

蛋素食 | 准备 + 烹饪时间 50 分钟 + 冷却 | 4 人份

这种辣椒酱非常棒，可以单独用来蘸饼干或生的蔬菜，当然也能让任何三明治变得好吃起来。这是一种无麸质的食物，可以把蔬菜、调味料、蒜泥和蛋黄酱放在生菜卷里。

2 个小茄子约 130 克，切成 1 厘米的薄片
200 克帕蒂南瓜，切成 1 厘米的薄片
200 克冬南瓜，切成薄片
食用油（喷雾）
盐和现磨的黑胡椒粉
4 个迷你法棍面包卷约 680 克
100 克蛋黄酱
8 克新鲜香菜

辣椒酱（见提示）

15 毫升橄榄油
1 个小洋葱约 80 克，切碎
1 瓣蒜，压碎
5 克小茴香粉
2.5 克辣椒粉
2 个中号红辣椒约 400 克，切段
2 个中号黄辣椒约 400 克，切段
30 克红糖
30 毫升红酒醋

1 做辣椒酱，先用中火在煎锅里加热橄榄油，之后放入洋葱、大蒜和香料，盖上盖子，闷 5 分钟；再添加辣椒，盖上盖子，闷 20 分钟，偶尔搅拌一下，直到辣椒变软。加入糖和醋搅拌，烹调至糖浆状，放凉。

2 同时，往茄子和南瓜上喷洒食用油；用盐和黑胡椒调味。将茄子和南瓜放在预热过的烧烤架上，用中火每面烤 3 分钟左右，直至颜色变黄、质地变软。

3 把面包卷分成两半。在每个面包卷上涂上 15 克蛋黄酱；在上面放烤过的茄子和南瓜、辣椒酱和香菜。

提示

辣椒酱可以在密封容器中冷藏保存 1 周。

炸茄子面包

乳蛋素食 | 准备 + 烹饪时间 45 分钟 | 6 人份

这款炸茄子面包内部柔软可口，外部面包屑酥脆，受到大众广泛欢迎。方便起见，您可以使用购买的面包屑。

300 克老的酸面团，撕碎
1 个大茄子（约 500 克）
75 克普通面粉
2 个鸡蛋，轻轻打匀
30 毫升橄榄油
60 克黄油，粗切碎
6 个奶油蛋卷（约 540 克）
75 克蛋黄酱

苹果沙拉

60 毫升脱脂牛奶
15 毫升橄榄油
10 克芥末
15 毫升柠檬汁
盐和现磨的黑胡椒粉
5 克香菜籽，烤熟，粗碾碎
160 克紫甘蓝丝
红苹果（75 克，见提示），切成火柴棒样
小茴香球茎（约 65 克），切成薄片，叶子保留
60 克新鲜的平叶欧芹叶

1　在做苹果沙拉时，把脱脂牛奶、橄榄油、芥末和柠檬汁放在一个大碗里，用盐和黑胡椒调味。加入香菜籽、紫甘蓝、苹果、茴香、小茴香预留叶和欧芹，搅拌均匀。

2　将酸面团加工成细小的面包屑，转移到烤箱托盘上。把茄子的顶部剪掉，切成 6 个厚圆片。把茄子裹上面粉，抖落多余的面粉。

3　把茄子浸在蛋液里，然后裹上面包屑。预热烤箱至 130℃，在烤箱托盘上铺上烘焙纸。

4　在一个大煎锅中，用中高火加热一半的橄榄油和一半黄油；将茄子每面煎 2 分钟至呈金黄色，转移到烤箱托盘，放入烤箱内保温。用剩下的橄榄油、黄油和茄子重复煎炸。

5　把小圆面包分成两半。在一片面包底上抹上蛋黄酱，上面依次放上茄子苹果沙拉和另一片小圆面包。

提示

我们在这个菜谱中使用的是粉红苹果，你也可以使用青苹果。

绿藜麦配芝麻蛋

蛋素食 | 预备 + 烹饪时间 25 分钟 | 2 人份

藜麦是一种营养丰富且不含小麦淀粉的谷物替代品，对健康有诸多益处。近年来，藜麦的受欢迎程度直线上升。它富含纤维素、蛋白质、维生素和矿物质，为素食者提供丰富的营养。

250 克蔬菜高汤

100 克洗净的白藜麦

4 个鸡蛋（室温）

10 毫升椰子油

1 瓣蒜，压碎

1 个新鲜的小红辣椒，切成薄片

80 克切成薄片的羽衣甘蓝（见提示）

90 克包紧、切成薄片的银甜菜（瑞士甜菜，见提示）

15 毫升柠檬汁

盐和现磨的黑胡椒粉

5 克切碎的新鲜平叶欧芹

15 克白芝麻

15 克黑芝麻

5 克海盐片

1 将蔬菜高汤和白藜麦放入中等大小的炖锅中，煮沸。小火慢炖15分钟，或煮至大部分汤汁被吸收。熄火，盖上盖子，静置5分钟。

2 与此同时，将鸡蛋放入小炖锅中煮5分钟后，立即从沸水中取出，用冷水冷却30秒。

3 在中号炖锅中用中火加热椰子油。加入大蒜和辣椒，不断翻炒，持续2分钟直到香味溢出。加入甘蓝和甜菜，搅拌至收缩。加入煮熟的白藜麦和柠檬汁，用盐和黑胡椒调味。

4 把欧芹、芝麻和盐混合在一个小碗里。将熟鸡蛋剥皮后滚上欧芹混合物。

5 在鸡蛋上撒上白藜麦。

提示

剩下的少量绿色蔬菜可以用橄榄油炸至酥脆，或者切碎加入汤中。

蔬菜拉布

完全素食 | 准备 + 烹饪时间 45 分钟 | 4 人份

传统的拉布（Larb）是一种味道浓烈的沙拉，由猪肉（或鸡肉）和新鲜香料制成，原产于老挝，但在泰国北部也有使用。这个版本的蔬菜拉布不仅保留了传统的风味，还融合了生鲜蔬菜的清脆口感。

60 毫升塔玛里（日本酱油）
60 毫升酸橙汁
2.5 克干辣椒片
1 个大甜菜根（约 200 克），去皮，切成 5 毫米片
2 个中等大小的胡萝卜（240 克），不去皮，切成 5 毫米片
250 克蛇豆，切成 5 毫米片（见提示）
2 个黄瓜（约 230 克），纵向对半
65 克茉莉米饭
250 克番茄，切半
5 根大葱，切成薄片
4 克切碎的新鲜薄荷
5 克切碎的新鲜泰国罗勒或香菜
70 克烤无盐花生，切碎
1 个中等圆形生菜，叶子分开
青柠块

1　将烤箱预热至180℃。

2　在一个大碗中混合塔玛里、酸橙汁和干辣椒片。

3　将甜菜根和22.5毫升调味料混合在一个小碗中。将胡萝卜、蛇豆和60毫升调味料混合在另一个中号碗里，用保鲜膜封住碗口。把黄瓜籽去掉，切成5毫米的薄片。将黄瓜加入剩下调味料的大碗中，用保鲜膜封住碗口，静置15分钟。

4　同时，将米饭放在烤箱托盘上，烤12分钟直到米饭呈金黄色，用研钵和杵捣碎。

5　将番茄加入黄瓜混合物中，再加入葱、薄荷、罗勒或香菜、碾碎的大米、胡萝卜混合物和一半的花生。用筛子过滤甜菜根混合物，加入沙拉，轻轻搅拌均匀。

6　放上生菜叶和青柠块，撒上黄油和剩下的花生碎。

提示

蛇豆可以在一些亚洲食品店找到。另外，法国豆可作为替代品。

豆腐

豆腐是植物蛋白质的重要来源，用途广泛，是素食主义者保持膳食健康的绝佳配料。你可以烹饪时把它加入你最喜欢的咖喱、汤、沙拉，甚至冰沙中。

早餐烤豆腐

素食 | 准备 + 烹饪时间 45 分钟 |
供应 2 份

将烤箱预热至 220℃。将 300 克豆腐切成 1 厘米厚的薄片，放在纸巾之间；用砧板压 5 分钟。将 80 毫升海星酱油、2.5 克中国五香粉、5 毫升芝麻油和米酒醋混合在一个小碗中。将豆腐片一次一片放入酱汁混合物中，反复蘸取汤汁，放在烤箱托盘上。烤 30 分钟直到豆腐呈金黄色。将热豆腐从中间刨开，配上切成薄片的胡萝卜、黄瓜、大葱、红辣椒和香菜。

烤豆腐汉堡包

素食 | 准备 + 烹饪时间 45 分钟 | 供应 2 份

将烤箱预热至 220℃。将 300 克的硬豆腐切成 1 厘米厚的片状，放在纸巾上，上面再放上一个纸巾，用砧板压 5 分钟。将 ⅓ 杯（80 毫升）海鲜酱、½ 茶匙中国五香粉、1 茶匙芝麻油、米粉和米酒醋放在一个小碗中。将豆腐片，一次一个，放入酱汁中，翻动将豆腐全部蘸上酱汁，放在铺有烘焙纸的烤盘上。烘烤 30 分钟直到豆腐呈金黄色或焦糖色。将热豆腐、胡萝卜薄片、黄瓜、绿洋葱（葱）一起放入汉堡包面包胚里即可食用。

覆盆子奶昔

素食 | 准备时间 10 分钟 | 供应 2 杯
（500 毫升）

将 300 克绢豆腐与 2 厘米的新鲜生姜、150 克冷冻覆盆子和 60 毫升纯枫糖浆混合，搅拌至光滑。加入一盘冰块，搅拌至光滑。搭配切碎的烤腰果和额外冷冻的覆盆子。

豆腐味噌烤南瓜汤

素食 | 准备 + 烹饪时间 1.5 小时 |
制作 7 杯（1.75 升）

将烤箱预热至 220℃。将 2 个未去皮的中号洋葱（约 300 克）和半个未去皮、未种子化的奶油南瓜（1.3 千克）放在铺有烘焙纸的烤箱托盘上；将南瓜肉切成纵横交错的块状，上面各抹上 15 毫升橄榄油和蜂蜜。用锡箔纸覆盖，烤 45 分钟。去掉锡箔纸，再烤 30 分钟直到南瓜变软。丢弃南瓜子和洋葱皮。将南瓜肉舀入搅拌器，加入洋葱、80 毫升白味噌、30 毫升柠檬汁和 300 克绢豆腐，搅拌至光滑。将混合物倒入装有 750 毫升蔬菜汤的平底锅中，继续搅拌，直到加热完成。再撒上香菜，与烤皮塔面包一起食用。

碎西葫芦和沙拉卷

蛋素食 | 准备 + 烹饪时间 40 分钟 | 4 人份

源于亚拉巴马州的白色烧烤酱（也称为阿拉巴马酱）是美国南部各州家庭的最爱。传统上，它是烤肉的配菜；在这里，它给这些松脆的蔬菜卷带来了浓郁的口感。

2 个中等大小的西葫芦（约 240 克），
纵向切成薄片
2 个鸡蛋，轻轻搅拌
200 克面包屑
60 毫升橄榄油
1 片橡叶莴苣，叶子分开
4 × 20 厘米全麦面包（约 70 克）

白色烤酱
¼ 茶匙（1.25 克）大蒜粉
¼ 茶匙（1.25 克）辣椒粉
10 克辣根奶油
100 克全蛋蛋黄酱
15 毫升柠檬汁
15 毫升水

蔬菜沙拉
80 克红色卷心菜细丝
½ 小白洋葱（约 40 克），切成薄片
1 个中等大小的胡萝卜（约 120 克），
粗磨碎
50 克脆芽，如绿豆芽、小豆芽和扁豆芽
盐和现磨的黑胡椒粉

1 制作白色烧烤酱。在一个小碗中搅拌所有原料。

2 制作蔬菜沙拉。将卷心菜、洋葱、胡萝卜、芽菜和一半白色烧烤酱放在一个中等大小的碗中，搅拌均匀，用盐和胡椒调味。

3 将莴苣浸在鸡蛋液里，然后裹上面包屑，轻轻按压以固定。

4 在大煎锅中用中高火加热一半橄榄油，将西葫芦的一半煎3分钟直到两面都变成金黄色、变软。用剩下的油和莴苣重复上述步骤。

5 将馅料放到生菜中心，上面均匀地放上蔬菜沙拉、西葫芦和剩下的白色烧烤酱，卷起来即可。

西班牙红薯香肠卷

完全素食 | 准备 + 烹饪时间 40 分钟 | 4 人份

这些深受墨西哥人喜爱的香肠卷，通常用碎牛肉做馅，但这里用红薯代替牛肉做成一款无肉的"西班牙香肠"。它结合了甜味和辛辣味，是传统墨西哥玉米卷的替代品，其中可以用南瓜代替红薯。

2 个小红薯（约 500 克），不去皮

120 毫升橄榄油

6 个洋葱，粗切

5 克孜然粉

5 克香菜粉

60 克粗切碎的新鲜香菜根茎

2 个新鲜墨西哥辣椒，粗切碎

7.5 克细磨碎的青柠皮

30 毫升青柠汁

80 毫升水

500 克罐装油炸番茄干

¼ 茶匙（1.25 克）大蒜粉

¼ 茶匙（1.25 克）洋葱粉

¼ 茶匙（1.25 克）烟熏辣椒粉

40 克烤白杏仁

25 克烤核桃

12 厘米 ×17 厘米白玉米饼，加热

40 克嫩芸芥（嫩火箭菜）

1 将红薯蒸至或用微波炉加热至变软；冷却沥干，去皮，把薯肉切成1.5厘米厚的小块。

2 同时，将橄榄油、洋葱、孜然粉、香菜粉、辣椒、青柠皮、青柠汁和水在放入搅拌器中搅拌均匀，后转移到一个小碗里，静置。

3 把番茄干切碎，和30毫升橄榄油、大蒜粉、洋葱粉、辣椒粉和坚果一起捣碎，再加入30克香菜，搅拌均匀。

4 将番茄混合物放入大煎锅中，加入红薯搅拌。用小火加热5分钟至热透。将红薯混合物放入玉米饼中，再加入芸芥（火箭菜）和剩余的香菜。

黎巴嫩烤南瓜沙拉

乳类素食 | 准备 + 烹饪时间 1 小时 15 分钟 | 6 人份

这种沙拉中使用的黎巴嫩香料使其具有中东风味，更加美味，非常适合与朋友共进午餐或晚餐。制作的备用香料混合物，可在密封容器中储存 1 个月。

22 克蜂蜜
100 克核桃
2 千克日本南瓜，切成 2.5 厘米厚片
1 个大红辣椒，约 350 克，厚切片
1 个大红洋葱，约 300 克，切成楔形
26 克橄榄油
400 克扁豆罐头，沥干，冲洗干净
60 克豆瓣菜

黎巴嫩香料混合物
5 克甜辣椒粉
5 克孜然粉
5 克香菜粉
5 克豆蔻粉
2.5 克肉桂粉
2.5 克肉豆蔻粉

酸奶酱
140 克希腊酸奶
60 毫升橄榄油
15 克细磨柠檬皮
60 毫升柠檬汁
22 克蜂蜜
盐和现磨的黑胡椒粉

1 预热烤箱至 200℃，把 3 个烤箱托盘铺上烘焙纸。

2 在小碗中混合原料制作黎巴嫩香料混合物。

3 用中火在小煎锅中将蜂蜜煮沸，加入核桃和 5 克黎巴嫩香料混合物，轻轻地搅拌。将其转移到烤箱托盘上，放在一边冷却。

4 将南瓜放在另一个烤箱托盘上，辣椒和洋葱放在剩下的托盘上。淋上 26 克橄榄油和剩下的黎巴嫩香料混合物，搅拌均匀。烤 30 分钟至辣椒和洋葱变软，从烤箱中取出。

5 同时，制作酸奶酱。在一个小碗中混合原料，用盐和黑胡椒调味。

6 将烤蔬菜与小扁豆、豆瓣菜、坚果和酸奶酱一起食用。

蔬菜生姜索巴面条沙拉

完全素食 | 准备 + 烹饪时间 30 分钟 | 4 人份

几个世纪以来，日本和韩国一直在种植裙带菜，用于烹饪。这种鲜绿色的可食用海藻通常以海藻干的形式出售，并能为汤和沙拉带来天然的鲜味。

20 克 裙带菜（见提示）

200 克索巴面

2 个黄瓜约 260 克，去籽，切成长条

2 个小胡萝卜（约 140 克），切成长条（见提示）

1 个新鲜长红辣椒，带籽，切成薄片

15 克烤芝麻

3 根大葱，切成薄片

8 克新鲜香菜叶

2 厘米鲜姜片，磨碎

10 克芝麻油

60 毫升酸橙汁

15 克塔玛里酱油

1 将裙带菜放入一个小碗，加入冷水，浸泡 10 分钟至裙带菜变软。滤干水分丢弃所有的硬茎，切碎。

2 同时，将面条放在一个小平底锅里，用沸水煮至刚好变软；用冷水冲洗，滤干水分后把面条切碎。

3 将裙带菜和面条放入一个中等大小的碗中，加入剩余的原料，轻轻搅拌至混合均匀。如果你喜欢，可以撒上备用的芝麻。

提示

· 裙带菜在大多数亚洲食品商店都能买到，必须通过浸泡大约 10 分钟来软化，然后丢弃硬茎。

· 用切丝器将黄瓜和胡萝卜切成长条。切丝器可在厨具店和一些亚洲食品店买到。

三色藜麦、羽衣甘蓝和香菜沙拉

完全素食 | 准备 + 烹饪时间 40 分钟 | 4 人份

这道菜以两种超级食品——羽衣甘蓝和三色藜麦为主角，健康且口感好。三色藜麦脂肪含量低，富含蛋白质，为这种沙拉带来了丰富的营养。既可以单独食用，又可以作为配菜。

200 克三色藜麦
500 毫升水
450 克西兰花（嫩茎西兰花），修剪
280 克羽衣甘蓝，去梗，粗切碎
50 克南瓜子
55 克粗切烟熏杏仁
2 个新鲜长绿辣椒，带籽，切成薄片
3 瓣蒜，切碎
60 毫升特级初榨橄榄油
1 个大牛油果（约 320 克），切碎

香菜酸橙酱
16 克新鲜香菜叶
1 个新鲜长绿辣椒，带籽，切碎
60 毫升橄榄油
30 毫升酸橙汁
盐和现磨的黑胡椒粉

提示

· 西兰花也是用同样的方法烤出来的；留出额外的 10 分钟烹饪。
· 在包装和运输沙拉时，在牛油果上挤上一点酸橙汁，可以防止褐变。

1 将烤箱预热至 220℃。

2 将三色藜麦和水放入一个中等大小的平底锅中，烧开。调小火，盖上盖子，煮 10 分钟至三色藜麦变软。用冷水冲洗，滤干水分，转移到一个大碗里。

3 将西兰花、羽衣甘蓝、南瓜子、杏仁、绿辣椒、大蒜和橄榄油混合在一个大的浅烤盘或烤盘中，中火烤 8 分钟至西兰花和羽衣甘蓝变软，中间搅拌两次（见提示）。

4 同时，制作香菜酸橙酱。将原料放入搅拌机或食品加工机中搅碎，用盐和黑胡椒调味。

5 将羽衣甘蓝混合物加入三色藜麦中，轻轻搅拌至混合均匀。加上沙拉，上面撒上切碎的牛油果和香菜酸橙酱（见提示）。

芝麻酱茄子沙拉

乳类素食 | 准备 + 烹饪时间 45 分钟 | 8 人份

这是一款完美的菜，适合清淡午餐、夏季野餐以及各种宴会。在上菜前，将茄子沙拉和酸奶酱分开放，食用时，将它们放在一起，搅拌均匀。

1 个小红洋葱（约 100 克），切成薄片
30 毫升柠檬汁
5 个中等大小的茄子（约 1.5 千克）
22.5 毫升塔希尼
2 瓣蒜，压碎
280 克希腊酸奶
盐和现磨的黑胡椒粉
30 毫升特级初榨橄榄油
8 克新鲜薄荷叶，撕碎
5 毫升苏木香

1 在一个小碗里混合洋葱和一半柠檬汁，备用。

2 将烧烤盘或者炭烤架板预热到高温。用叉子把茄子穿起来，在预热后的架子上烤茄子，偶尔翻动，烤 30 分钟直到表皮烤焦，瓤软嫩。把茄子放到滤网上，控干水分，放凉。

3 同时，把芝麻酱、大蒜、酸奶和剩下的柠檬汁混合在一个小碗里。用盐和黑胡椒调味，然后淋上橄榄油。

4 去掉茄子皮，把茄子瓤用叉子撕碎，然后放到一个大盘子上，用盐和黑胡椒调味，淋上橄榄油。浇上洋葱混合物、薄荷和酸奶，撒上苏木香即可。

扎塔尔鹰嘴豆蔬菜沙拉

乳类素食 | 准备 + 烹饪时间 45 分钟 | 4 人份

烤蔬菜时，要确保蔬菜单层铺在烤箱托盘上，这样它们就可以快速被烤熟，不需要蒸。如有必要，将蔬菜分放在两个托盘上。该沙拉可以搭配烤扁面包一起食用。

400 克胡桃南瓜，带皮

1 个大红洋葱（约 300 克），切成细楔形

1 个中红色辣椒（约 200 克），切成厚片

1 个中黄色辣椒（约 200 克），切成厚片

400 克小彩虹胡萝卜，修整（见提示）

30 毫升橄榄油

盐和现磨的黑胡椒粉

400 克鹰嘴豆罐头，沥干水分，洗净

30 毫升扎塔尔

60 毫升红酒醋

60 毫升橄榄油

60 克小菠菜叶

100 克波斯羊奶乳酪，粉碎

3 克新鲜薄荷叶

1 将烤箱预热至 220℃，将烤盘铺上烘焙纸。

2 将未去皮的南瓜切成薄片；横着改刀切块。将南瓜、洋葱、辣椒和胡萝卜放在烤箱托盘上（铺成单层），淋上一半的橄榄油，然后用盐和黑胡椒调味。烤 25 分钟直到蔬菜变软。

3 同时，将鹰嘴豆放在另一个烤箱托盘上。淋上剩余的橄榄油，撒上扎塔尔；轻轻地剥去外皮，烤 25 分钟直到鹰嘴豆变得金黄酥脆。

4 在小碗中搅拌醋和橄榄油，用盐和黑胡椒调味。

5 将调味汁倒入两个 500 毫升的罐子中。把所有原料分层放在罐子里，最后放上羊奶乳酪和鹰嘴豆（见提示）。

提示

· 小彩虹胡萝卜也被当作古法种植胡萝卜；它们可以在一些超市和蔬菜水果店买到。

· 这道沙拉是一道很棒的便携式午餐——只需盖上盖子或者密封罐子就可以了。当你准备好上菜时，把有盖的罐子倒过来可以混匀调味料。

扁豆、甜菜根和酸奶沙拉

乳类素食 | 准备 + 烹饪时间 1 小时 15 分钟 + 冷藏 | 6 人份

浓缩酸奶是一种软奶酪，在中东菜肴中很受欢迎。它是通过压紧直到失去大部分液体，制成的希腊酸奶。奶油味的腊肠完美地抵消了这道沙拉中甜菜根很重的泥土味。你需要提前一天开始准备食材。

1000 克希腊酸奶
500 克嫩甜菜根，修剪，保留小叶
500 克金宝贝甜菜根，修剪，保留小叶
30 毫升橄榄油
200 克绿扁豆
120 克婴儿菠菜叶
30 毫升柠檬汁
60 毫升橄榄油
盐和现磨的黑胡椒粉
150 克小青豆，修整
10 克松散包装的新鲜罗勒叶
30 克新鲜平叶欧芹叶
4 克新鲜樱桃叶
30 克切碎的鲜韭菜

调味品（见提示）
30 毫升橄榄油
30 毫升红酒醋
5 克糖

提示

• 如果您没有时间制作酸奶，可以使用从商店购买的酸奶。
• 如果没有甜菜根叶，可以使用混合沙拉叶。
• 调味品可提前 1 周制作，在罐子里冷藏保存。

1 制作浓缩酸奶（见提示）。在一个大筛子上铺上两层粗布或粗棉布，将筛子放在一个足够大的深碗或罐子上。用勺子把酸奶舀进筛子里，将布料收口，用厨房的绳子扎成一个球，挂在碗上。冷藏24小时直到酸奶变稠，偶尔轻轻挤压以促使液体排出。丢弃液体，把固体物放到一个大碗里。

2 将烤箱预热至180℃。

3 修剪甜菜根，保留100克最小的甜菜叶（见提示）。把甜菜根洗干净，放在烤盘里，淋上橄榄油。用箔纸盖住烤盘，烤45分钟直到变软，放置10分钟。当冷却到足以处理时，去除皮（使用小刀，否则很容易滑落）。把甜菜根切成两半或四等份。

4 同时，将绿扁豆放在一个中等大小的锅中，用沸水煮12分钟直至变软；捞出，用冷水冲洗后滤干水分，备用。

5 将菠菜、柠檬汁和橄榄油混合均匀，用盐和黑胡椒调味。

6 把沸水倒在一个大的耐热碗里，静置1分钟。在另一碗冰水中洗小青豆，之后滤干水分。

7 制作调味品。将原料放入螺旋瓶中，充分摇匀。用盐和黑胡椒调味。

8 将甜菜根、绿扁豆和小青豆放入一个大碗，加入韭菜、保留甜菜根叶和一半调味料，轻轻搅拌至混合均匀。

9 将酸奶铺在托盘上，加入菠菜混合物和沙拉。淋上剩下的调味汁。

花生酱熏豆腐沙拉

蛋素食 | 准备 + 烹饪时间 45 分钟 | 4 人份

熏豆腐通常是用茶叶熏制的，这使它具有诱人的颜色和独特的味道。在任何烟熏味和有嚼劲的菜肴中使用它都很好，搭配一些坚果酱或香料会更美味。

4 个鸡蛋
60 毫升水
15 克炸青葱
5 克酱油
盐和现磨的黑胡椒粉
15 毫升芝麻油
350 克熏豆腐，切成厚 1 厘米的片
1 个中等大小的牛油果（约 250 克），
切成薄片
250 克樱桃番茄，切半
120 克豆芽
8 克新鲜香菜叶
4 克新鲜越南薄荷叶
75 克嫩沙拉叶
30 克黑芝麻

花生酱
45 克烤花生，粗切碎
1 根大葱，切成薄片
1 个新鲜的红色长辣椒，切成薄片
5 克磨碎的新鲜生姜
1 瓣蒜，压碎
22.5 克碎棕榈糖
30 毫升芝麻油
30 克酱油
60 毫升米醋
22.5 毫升酸橙汁

1 将制作花生酱的配料在一个中等大小的碗中搅拌混匀，便可以制成花生酱。

2 在一个大碗中搅拌鸡蛋、水、青葱和酱油，加适量盐和黑胡椒调味。

3 用中火在炒锅中加热芝麻油。将一半的鸡蛋混合物倒入锅中，边加热边倾斜锅，直到几乎凝固，倒出炒锅里的煎蛋卷。用剩下的鸡蛋混合物重复上述步骤。将煎蛋卷卷紧，然后切成薄片，备用。

4 将熏豆腐放入一个大碗中，加入剩余的原料和花生酱，搅拌均匀。

5 端上熏豆腐花生酱沙拉，再加上备用的煎蛋卷。

味噌蔬菜米饭沙拉

完全素食 | 准备 + 烹饪时间 30 分钟 | 4 人份

白味噌（shiro）是一种发酵豆瓣酱，是日本料理的精髓。它由大豆和大米发酵而成，含有很多的有益菌，对肠道健康至关重要。在这里，它为这种酱汁增添了鲜味。

2 汤匙芝麻油
4 个棕色蘑菇，改刀，纵向分成 4 份
170 克芦笋，切边，纵向对半切
6 根大葱，切成薄片
400 克金针菇，修整

米饭沙拉
55 克寿司饭
350 克黄辣椒，切成薄片
1 个大红辣椒（约 350 克），切成薄片
10 克松散包装的香菜叶
4 克松散包装的越南薄荷叶
100 克豆芽
30 克芝麻，烤熟

味噌酱
60 克白味噌
60 毫升米醋
30 毫升纯枫糖浆
5 克切碎的腌姜
15 毫升腌姜汁
2.5 克干辣椒片
盐和现磨的黑胡椒粉

1 制作米饭沙拉。将寿司饭放入一个大煎锅中，用中火加热；持续搅拌4分钟直到米饭呈淡金色，烘烤。用研钵和杵把烤米饭磨成细粉。把碾碎的米饭和剩下的配料放在一个中等大小的碗里，搅拌均匀。

2 制作味噌酱。在一个小碗中搅拌原料；用盐和黑胡椒调味。

3 用中高火加热炒锅。加入芝麻油和棕色蘑菇，炒5分钟；转移到托盘上。将芦笋和大葱炒2分钟，转移到托盘上。将金针菇炒或加热30秒，转移到托盘上。

4 在蔬菜上面撒上味噌酱和米饭沙拉。

梨核桃沙拉配龙蒿香蒜酱

乳类素食 | 准备 + 烹饪时间 30 分钟 | 4 人份

虽然龙蒿通常是用罗勒做的，但它也是经典香蒜酱的美味佐料。使用优质橄榄油可以让龙蒿香蒜酱有浓郁的味道，是甜梨和核桃的理想伴侣。

4 个小库尔勒香梨（约 400 克），横切成厚片

2 根芹菜茎（约 300 克），修整，斜切（见提示）

15 克包装牢固的新鲜芹菜叶

小茴香（约 130 克），切成薄片（见提示）

50 克核桃，烤熟，粗切碎

盐和现磨的黑胡椒粉

100 克蓝纹奶酪，粗切碎

龙蒿香蒜酱

24 克新鲜龙蒿叶

2 片白面包，约 90 克，去皮

60 毫升牛奶

60 毫升水

30 毫升橄榄油

5 克海盐

1 制作龙蒿香蒜酱。搅拌原料，直到混合均匀。

2 将梨放在加热的、刷了油的烤架（或烤盘）上，烤至两面呈浅棕色。

3 把梨、芹菜叶、茴香和核桃一起放在一个大碗里；轻轻搅拌直至混合均匀。用盐和黑胡椒调味。

4 在沙拉上撒上香蒜酱和蓝纹奶酪。

提示

· 可使用芹菜中心的黄色和浅绿色叶子。

· 使用曼陀林或 V 形切片机将茴香切成薄片。

丰盛的主食

这些经典的蔬菜美食，如美味的炖菜、咖喱、汤和面食，会让你在冬夜感到温暖舒适。

红薯意大利香肠

蛋素食 | 准备 + 烹饪时间 1 小时 15 分钟 | 6 人份

这是一款意大利经典蔬菜，用薄薄的红薯片取代了意大利面。如果你愿意，可以将红薯片和馅料分层，而不是将它们卷起来。剩下的红薯可以切碎，做成汤和红薯泥。

3 个中等红薯（1.2 千克），带皮

500 克新鲜乳清干酪

1 个鸡蛋，轻轻打散

2 根大葱，切成薄片

6 克切碎的新鲜平叶欧芹

15 克切碎的鲜韭菜

30 克切碎的新鲜百里香

80 克细磨碎的素食帕尔马干酪（确保不含动物凝乳酶）

80 克细磨碎的佩科里诺干酪

100 克酸面包，去皮，撕成小块

40 克松仁

2.5 克肉豆蔻粉

22.5 毫升橄榄油

25 克素食帕尔马干酪（另加）

30 毫升新鲜百里香小枝

盐和现磨的黑胡椒粉

奶酪酱

250 毫升增稠（双份）奶油

90 克粗磨碎的素食切达干酪

1 将烤箱预热至200℃，把一个红薯放在烤箱托盘上。将烤箱温度降至160℃，烤30分钟直到红薯变软。

2 同时，将剩下的红薯去皮。使用曼陀林或V形切片机，将红薯纵向切成3毫米薄片。将薄片修剪成5.5厘米×12厘米的矩形；需要36个矩形。

3 把一大锅水烧开，加入一半的红薯片；煮1.5分钟直至软化。用篦氏漏勺从锅中捞出；放在托盘上冷却。用剩下的红薯片重复上述步骤。

4 当冷却到足以处理时，将烤红薯的皮去掉。将烤红薯和乳清干酪一起加入处理器，混合均匀。转移到一个大碗里，加入鸡蛋、葱、百里香和一半佩科里诺干酪。用盐和黑胡椒调味。

5 在22厘米×26厘米的烤盘上刷油。在红薯片的短端放一大汤匙馅料，把馅料卷起来。将缝线面朝下放入锅中。用剩下的红薯片和馅料重复上述步骤，直到平底锅填满一层。

6 将酸面包、松仁和肉豆蔻放入一个中等大小的碗中，加入15毫升橄榄油和剩余的佩科里诺干酪。撒在意大利红薯香肠上。

7 烤15分钟直到顶部金黄酥脆。

8 同时，制作奶酪酱。在一个小平底锅中用中火搅拌原料，不要煮沸，持续4分钟直到切达干酪融化，酱汁稍微变稠。用盐和黑胡椒调味。

9 在意大利红薯香肠上撒上奶酪酱、素食帕尔马干酪和百里香，淋上剩余的橄榄油。

藜麦、西葫芦和哈洛米汉堡

乳蛋素食 | 准备 + 烹饪时间 45 分钟 + 冷藏 | 6 人份

当你急于招待客人或时间紧迫的时候，这道菜的优越性就体现出来了，因为馅饼可以提前一天准备好，并密封放在冰箱里冷藏保存。需要吃的时候，它们可以很快被做好。

100 克红色藜麦

250 毫升水

1 个大西葫芦（约 150 克），粗磨碎

250 克哈洛米，粗磨碎

16 克切碎的新鲜薄荷

20 克切碎的鲜韭菜

2 个鸡蛋，轻轻打散

120 克普通面粉

盐和现磨的黑胡椒粉

15 毫升橄榄油

6 个酸面包卷（约 550 克），切成两半，烘烤

95 克番茄卡桑迪或酸辣酱

200 克真空包装熟甜菜根，切片

300 克番茄切片

嫩芸芥

4 克新鲜薄荷叶

1 将藜麦和水放入一个小平底锅中，烧开。调小火，慢炖 15 分钟直到大部分水被吸收。关火，盖上盖子，放置 5 分钟。转移到一个大碗里，冷却。

2 将西葫芦加入藜麦中，加入哈洛米、切碎的薄荷、韭菜、鸡蛋和 85 克面粉，用盐和黑胡椒调味，然后搅拌均匀。用湿手将混合物捏成 6 个馅饼，放在盘子上冷藏 30 分钟。

3 把馅饼裹上剩下的面粉，准备好油炸。用中火在不粘煎锅中加热橄榄油，将馅饼每面煎 4 分钟直至呈金黄色。

4 将烤箱预热至 180℃，将每个面包卷切成两半，用 1 汤匙橄榄油刷内部，烤 5 分钟直到面包呈金黄色。

5 食用时，在面包卷底部加上卡桑迪、馅饼、甜菜根、番茄、芸芥（火箭菜）和额外的薄荷。上面再放一层面包卷。

五香扁豆红薯派

乳蛋素食 | 准备 + 烹饪时间 1 小时 20 分钟 + 冷却 | 共 8 个

哈里萨是一种辣椒酱，市面上有许多不同的品牌。它们的优势千差万别。如果你的耐辣性较低，可以用较温和的辣椒酱代替。

2 汤匙橄榄油
1 个中等大小的红洋葱（约 170 克），切碎
3 瓣蒜，切碎
芹菜梗 1 根（约 150 克），切边，切碎
2 汤匙哈里萨
1 茶匙孜然粉
1 茶匙香菜粉
450 克绿扁豆
2 个小红薯（约 500 克），切成 3 厘米块
500 毫升蔬菜汤
125 毫升水
400 克罐装果汁樱桃番茄
60 克婴儿菠菜叶
30 克新鲜平叶欧芹叶
8 克新鲜香菜叶
7.5 克磨碎的柠檬皮
盐和现磨的黑胡椒粉
4 个泡芙糕点
1 个鸡蛋，轻轻打散

香草柠檬酸奶
280 克希腊酸奶
5 克粗切碎的新鲜平叶欧芹
8 克粗切碎的新鲜香菜
15 克切碎的柠檬皮
15 毫升柠檬汁

1 在大平底锅中用中火加热橄榄油；将洋葱、大蒜和芹菜加热 5 分钟直到洋葱变软。加入哈里萨和香料，继续加热搅拌 1 分钟直到香味扑鼻。加入绿扁豆、红薯、蔬菜汤和水，烧开。盖上盖子，小火慢炖 20 分钟直到绿扁豆和红薯变软。

2 加入西红柿；小火煮 5 分钟直到变稠。加入菠菜、欧芹、新鲜香菜和柠檬皮，用盐和黑胡椒调味，放凉。

3 同时制作香草柠檬酸奶，将香草和柠檬酸奶混合在一个碗中。

4 将烤箱预热至 200℃。在 8 个（每个 250 毫升）馅饼罐（底部尺寸为 7.5 厘米，顶部尺寸为 12.5 厘米）上涂抹橄榄油。

5 从糕点上切下 8 块 13 厘米的方形蛋糕，冷藏。

6 用冷却的扁豆填充馅饼罐，在上面放上糕点方块，按压边缘密封。在顶部刷上鸡蛋液，在馅饼的顶部开蒸汽小孔。

7 将馅饼烤 30 分钟直到变成金黄色，馅料变热。搭配香草柠檬酸奶食用。

蘑菇软玉米粥

乳类素食 | 准备 + 烹饪时间 30 分钟 | 4 人份

你可以在玉米粥里放入杂烩菜或混合烤蔬菜，如南瓜、洋葱、辣椒、茄子和西葫芦；也可以搭配新鲜的香草沙拉食用。

30 克黄油

500 克蘑菇，切成厚片

3 瓣蒜，压碎

125 毫升蔬菜汤

盐和现磨的黑胡椒粉

150 克软山羊奶酪

15 克新鲜平叶欧芹叶

软玉米粥

500 毫升牛奶

500 毫升蔬菜汤

170 克速溶玉米粥

40 克黄油，切碎

60 克细磨碎的素食帕尔马干酪

1 在大煎锅中用大火加热黄油；放入蘑菇，偶尔搅拌，加热5分钟直到蘑菇轻微变黄。加入大蒜，边加热边搅拌到有香味。加入蔬菜汤，转小火，慢炖2分钟直到大部分液体蒸发。用盐和黑胡椒调味；盖上盖子保温。

2 同时做软玉米粥。把牛奶和蔬菜汤放在一个大平底锅里煮开。逐渐加入玉米粥并不断搅拌。转小火，煮10分钟，不断搅拌直到玉米粥变稠。加入黄油和素食帕尔马干酪，用盐和黑胡椒调味。

3 立即将玉米粥倒在盘子上，用勺子的背面在玉米粥上稍微挖空。用勺子将蘑菇舀到玉米粥上，再淋上一些蘑菇汁。在上面放一小块山羊奶酪，撒上欧芹。

蔬菜砂锅

完全素食 | 准备 + 烹饪时间 1 小时 15 分钟 + 静置 | 4 人份

这道法式经典素菜用慢炖的方式烹饪而成，配上苦味的叶子沙拉，与肉质菜肴如出一辙。

10 毫升橄榄油

4 根葱（约 100 克），切成两段

3 瓣蒜，切成薄片

2 个中等大小的胡萝卜（约 240 克），粗切碎

200 克瑞士褐蘑菇，对半切开

250 毫升干白葡萄酒

2 个中等大小的西葫芦（约 240 克），粗切碎

375 毫升蔬菜高汤

700 克瓶装番茄酱

5 克切碎的新鲜百里香叶

400 克豆子罐头，冲洗干净，沥干

面包配料

15 毫升橄榄油

1 个小洋葱（约 80 克），切碎

1 瓣蒜，压碎

10 克磨碎的柠檬皮

10 克切碎的新鲜百里香

全麦种子酸面包（约 220 克），撕成 2 厘米的小块

30 克粗切碎的新鲜平叶欧芹

1 将烤箱预热至180℃。

2 在一个大的砂锅中，用中高火加热橄榄油，放入葱段、蒜片、胡萝卜和蘑菇，加热搅拌5分钟直到蔬菜变软。加入葡萄酒，大火烧开，然后小火煨煮至汤减少一半。加入西葫芦、蔬菜高汤、番茄酱、百里香和豆子，大火加热到沸腾状态后关火。转移到烤箱，盖上盖子，烤50分钟。

3 同时，要制作面包配料。在大煎锅中用中高火加热橄榄油，将洋葱炒5分钟直到变软。加入蒜片、碎柠檬皮、百里香和面包，搅拌加热10分钟直到面包微微变黄。拌入欧芹。

4 把砂锅拿出来，撒上面包配料，再放回烤箱，不盖盖子，烤10分钟直到面包表面变成棕色。

西葫芦、黑豆玉米卷饼

乳类素食 | 准备 + 烹饪时间 1 小时 40 分钟 | 4 人份

19 世纪初，墨西哥烹饪书籍中首次出现了玉米饼。现在，这道菜仍然是墨西哥人的最爱。它可以根据任何人的口味进行调整。在这里，传统的肉馅被富含蛋白质的黑豆取代。

3 个大西葫芦（约 450 克）
80 毫升橄榄油
2 根修剪过的玉米棒（约 500 克）
8 厘米 x 20 厘米白玉米饼
400 克黑豆罐头，冲洗干净，沥干
8 克新鲜香菜叶
100 克羊乳酪
3 克新鲜牛至叶
15 克新鲜牛至，额外添加

安其拉达酱汁（墨西哥卷饼酱汁）
2 x 400 克罐装切碎的西红柿
375 毫升蔬菜高汤
30 毫升橄榄油
30 克粗切新鲜牛至
30 毫升苹果醋
1 个中等大小的棕色洋葱（约 150 克），粗切碎
1 瓣蒜，切碎
15 克腌制墨西哥辣椒，切碎
5 克孜然粉
5 克细砂糖
¼ 茶匙（1.25 克）辣椒粉

1 预热烤箱至180℃，在烤箱托盘上铺上烘焙纸，在一个25厘米x 30厘米的烤盘上刷油。

2 将西葫芦纵向切成两半，然后将每一半切成细长的楔形。将西葫芦放在烤箱托盘上，淋上一半的橄榄油。烤30分钟直到刚好变软，之后切碎。

3 同时制作安其拉达酱汁。搅拌原料直至充分混合，转移到一个中等大小的平底锅中。用中火慢炖20分钟直到稍微变稠。

4 在玉米上刷上15毫升橄榄油。用中高火加热烤盘（或烧烤架）；放入玉米，不时翻动，烤10分钟，直到呈金黄色变软。用一把锋利的刀，从玉米棒上切下玉米粒；扔掉玉米芯。

5 用中高火重新加热烤盘（或烧烤架），将玉米饼每面烤30秒，直至轻微烤焦。转移到盘子里，盖上盖子保温。

6 在一个大碗中混合西葫芦、豆类、香菜、一半玉米、一半羊乳酪、一半牛至和225克安其达拉酱汁。

7 将西葫芦馅料均匀地抹在玉米饼上；把馅料卷起来，放在盘子里；在顶部刷上剩余的橄榄油。用勺子把剩下的酱汁淋在玉米饼上，在玉米饼的两端各留2厘米。在上面撒上剩下的羊乳酪和牛至。

8 烤30分钟，至金黄色并加热透彻，最后在上面撒上剩下的玉米和牛至。

西兰花西葫芦比萨

乳蛋素食 | 准备 + 烹饪时间 1 小时 15 分钟 | 4 人份

西兰花这种健康的低碳水化合物蔬菜，使比萨更加营养美味。如果你喜欢，可以用你最喜欢的意大利面酱代替番茄酱，再加上你喜欢的蔬菜。

1000 克西兰花，修剪，切成小块

30 克粗磨碎的素食切达干酪

1 个鸡蛋，轻轻打散

60 克粗磨碎的素食帕尔马干酪（确保不含动物凝乳酶）

盐和现磨的黑胡椒粉

130 克番茄酱

2 个小西葫芦（约 180 克），切成薄片，成丝带样

20 克新鲜罗勒叶

1 个新鲜小红辣椒，切成薄片

100 克马苏里拉芝士奶酪，大致撕碎

15 毫升橄榄油

15 克碎柠檬皮或细条（见提示）

15 毫升柠檬汁

提示

如果你有去皮器，可以用它制作柠檬皮条；如果没有，你可以从柠檬上剥两条长而宽的皮，不带白色的果髓，然后把它们纵向切成细条。

1 将烤箱预热至200℃。在两个烤箱托盘上铺上烘焙纸，排成一行；在每张纸上画一个22厘米的圆，把纸翻过来。

2 将西兰花切碎，转移到微波专用碗中，用保鲜膜覆盖；用微波炉加热12分钟，直到变软（可以用蒸代替，但不要煮，否则会使皮太湿）。滤干水分，当冷却到不烫手时，将西兰花放在干净的毛巾中央；将两端捏在一起，然后尽可能挤出多余的水分。

3 将西兰花放入一个大碗中，加入素食切达干酪、鸡蛋和20克的素食帕尔马干酪，搅拌均匀，用盐和黑胡椒调味。将西兰花混合物放在两个托盘中，将混合物铺在标记的圆内，使表面光滑。烤25分钟直到呈金黄色。

4 在底部铺上番茄酱，顶部撒上一半西葫芦、一半罗勒、辣椒、马苏里拉芝士奶酪和剩下的素食帕尔马干酪。烤20分钟直到金黄酥脆。

5 同时，将橄榄油、柠檬皮、柠檬汁、剩余的西葫芦和剩余的罗勒叶混合在一个中等大小的碗中；用盐和胡椒调味。

6 比萨配西葫芦沙拉食用。

蔬菜塔吉锅（焖锅）

乳类素食 | 准备 + 烹饪时间 1 小时 + 静置 | 4 人份

　　在摩洛哥，塔吉锅传统上是用面包师烤箱的余热做成的圆锥形陶罐，这道菜因此而得名。这款令人垂涎三尺的素食充满了温暖的摩洛哥风味——甜味和辣味完美平衡。

10 毫升橄榄油
1 个大红洋葱（约 300 克），粗略切碎
2 瓣蒜，压碎
4 个嫩茄子（约 240 克），纵向对半切开
500 克日本南瓜，切成细楔形
10 克孜然粉
10 克香菜粉
10 克生姜粉
2.5 克肉桂粉
400 克碎番茄罐头
500 毫升蔬菜高汤
500 毫升水
300 克秋葵，去皮
15 克哈里萨酱（见提示，印度辣酱）
200 克希腊酸奶
18 克切碎的新鲜平叶欧芹
24 克切碎的新鲜薄荷
盐和现磨的黑胡椒粉

哈里萨鹰嘴豆
400 克鹰嘴豆罐头，冲洗干净，沥干
15 克哈里萨酱
15 克橄榄油

提示

哈里萨酱是一种超辣的辣椒酱。如果你吃不了太辣，可以试着用一种温和的辣椒酱代替，或者从食谱中删掉。

1 制作哈里萨鹰嘴豆。将烤箱预热至200℃。在一个大烤盘上刷油，铺上烘焙纸。用纸巾将鹰嘴豆拍干，放入一个中等大小的碗中，加入剩下的原料，搅拌均匀，用盐和黑胡椒调味。把鹰嘴豆一层一层地铺在烤盘上。烘烤20分钟，中间搅拌3次，烤至焦黄略微松脆。

2 在大炖锅中用中火加热橄榄油，将洋葱和大蒜炒5分钟。加入茄子和南瓜，每面煎1分钟直到蔬菜变成浅棕色。加入香料，炒1分钟直到香味扑鼻。加入番茄、高汤和水，烧开。盖上盖子，用小火炖15分钟直到蔬菜变软。

3 同时，用蒸、煮或微波的方法将秋葵加热至变软；滤水，把秋葵倒入塔吉锅中搅拌。

4 在一个小碗里，将哈里萨酱倒入酸奶中；用盐和黑胡椒调味。

5 在塔吉锅里，浇上酸奶混合物、哈里萨鹰嘴豆、欧芹和薄荷，再加点黑胡椒调味。

蔬菜高汤

高汤制作简单，可以增加任何菜肴的风味。准备美味高汤的关键是用小火慢炖，如果用大火煮高汤，就不会产生浓郁的味道。

基本蔬菜高汤

蛋素食 | 准备时间 2 小时 30 分钟 |
制作 10 杯（2.5 升）

粗略切碎约 350 克韭菜、1 个无皮洋葱（约 200 克）、2 个大胡萝卜（约 360 克）、1 个瑞典甘蓝（约 400 克）、2 个芹菜茎（带叶，约 300 克）和 3 瓣无皮蒜。

将蔬菜放入锅中，加入 5 克黑胡椒粉、1 包香料和 5 升水，烧开。转小火，不盖盖炖 2 小时。将原料过滤到一个大的耐热碗中，丢弃固体，让汤冷却，密封冷藏（见提示）。

意大利风格高汤

蛋素食 | 准备时间 2 小时 30 分钟 |
制作 10 杯（2.5 升）

粗切碎 2 个未去皮的棕色洋葱（约 400 克）、2 个胡萝卜（约 360 克）、2 个芹菜茎（带叶，约 300 克）和 3 瓣未去皮的大蒜。将食材放入锅中，加入 5 克黑胡椒粉、1 个香料包（见提示）、1 片素食帕尔马干酪皮、5 克茴香籽、400 克罐装去皮番茄和 5 升水。按照基本蔬菜高汤的说明烹饪。

亚洲风格高汤

蛋素食 | 准备时间 2 小时 30 分钟 |
制作 10 杯（2.5 升）

粗切碎约 350 克韭菜、2 个胡萝卜（约 360 克）、2 根芹菜茎（带叶，约 300 克）、3 瓣未去皮的蒜、1 片 10 厘米长的新鲜生姜和 4 根小葱。将食材放入锅中，加入 5 克黑胡椒粉、20 克小枝新鲜香菜、1 根肉桂、3 个八角、125 毫升酱油和 5 升水。按照基本蔬菜高汤的说明烹饪。

提示

- 制作香料包时，将 3 片新鲜月桂叶、2 枝新鲜迷迭香、6 枝新鲜百里香和 6 根新鲜平叶欧芹茎用厨房细绳绑在一起。
- 提前一天准备好高汤，在过滤之前，放置一晚，让味道充分渗进汤里。

花椰菜酱意大利面

乳类素食 | 准备 + 烹饪时间 40 分钟 | 4 人份

这种丝滑的花椰菜酱也可以搭配烤海鲜或鸡肉。你也可以将牛奶用量减少到 60 毫升，做成更浓的花椰菜泥，而不是作为配菜的浓汤。

1000 克花椰菜，切成小块

250 毫升蔬菜高汤

2 瓣蒜，去皮

30 毫升特级初榨橄榄油

45 克杂粮面包屑

1 个新鲜长红辣椒，带籽，切碎

1 瓣蒜，压碎，额外添加

6 克切碎的新鲜平叶欧芹

15 克细磨柠檬皮

375 克干麦意大利面

40 克磨碎的素食帕尔马干酪（确保不含动物凝乳酶）

30 毫升特级初榨橄榄油，额外添加

375 毫升牛奶

60 克磨碎的素食帕尔马干酪，额外添加

15 毫升柠檬汁

盐和现磨的黑胡椒粉

1 将¾的花椰菜与高汤和蒜瓣一起放入一个中等炖锅中，煮沸。转小火，盖上盖子，炖10分钟直到花椰菜变软。

2 同时，把剩下的花椰菜切成小块。在大煎锅中用大火加热橄榄油，加入花椰菜，炒2分钟直到呈淡金黄色。加入面包屑、辣椒和额外的大蒜末，加热，搅拌2分钟，直到面包屑金黄酥脆。倒入盘子里，拌入欧芹和柠檬皮。

3 按照包装说明，在一个炖锅中用煮沸的盐水煮意大利面。沥干水分，放回平底锅，加入素食帕尔马干酪和额外的橄榄油。

4 将花椰菜高汤与牛奶混合均匀，加入额外的素食帕尔马干酪和柠檬汁。用盐和黑胡椒调味。

5 用勺子将花椰菜酱淋在意大利面上，在上面撒上花椰菜屑。

土豆鸡蛋仁当

蛋素食 | 准备 + 烹饪时间 30 分钟 | 4 人份

仁当是一种香味丰富的椰子咖喱，在东南亚地区广受欢迎。通常，牛肉先用香料煮熟，然后用椰奶炖。这种素食版本保留了其所有浓郁的香味，可以在很短的时间内完成。与米饭或烤饼一起食用。

8 个小土豆（约 750 克），粗略切块
30 毫升植物油
1 个中等大小的棕色洋葱（约 150 克），切碎
185 克仁当咖喱酱
270 毫升椰奶
80 毫升水
盐和现磨的黑胡椒粉
15 毫升植物油，额外添加
4 个鸡蛋
16 克新鲜香菜叶

1 将土豆蒸、煮或用微波炉加热至刚刚变软，滤干水分。

2 同时，在中号炖锅中用中火加热油，放入洋葱和咖喱酱翻炒3分钟，直到洋葱变软、咖喱酱变香。

3 加入椰奶和水，慢火煮。加入土豆，煮5分钟，偶尔搅拌。轻轻按压土豆，将其压碎。用盐和黑胡椒调味。

4 在大煎锅中用中高火加热额外的油，打入鸡蛋，将鸡蛋煎熟。

5 把咖喱分装在两个碗里，上面放上煎蛋和香菜。

烤番茄白豆汤

完全素食 | 准备 + 烹饪时间 1 小时 10 分钟 | 4 人份

番茄中含有的类胡萝卜素番茄红素，是一种使番茄呈现红色的抗氧化剂，有助于降低患某些癌症和心脏病的风险。虽然烹饪确实会略微降低番茄中维生素 C 的含量，但实际上会促进人体对番茄红素的吸收。

1000 克成熟的罗马番茄，四等分

1 个中等大小的红色洋葱（约 170 克），切成楔形

6 瓣蒜，不去皮

15 毫升纯枫糖浆

125 毫升特级初榨橄榄油

盐和现磨的黑胡椒粉

6 克松散包装的鼠尾草叶

400 克卡纳利尼豆（意大利白腰豆）罐头，冲洗干净、沥干

500 毫升水

1 将烤箱预热至 200℃。

2 将番茄、洋葱和蒜放入烤盘中。将纯枫糖浆和一半橄榄油混合在一个碗中，用盐和黑胡椒调味；浇在蔬菜上，然后搅拌均匀。烤 45 分钟，直到番茄非常柔软，边缘上色。

3 同时，用中火在小煎锅中加热剩余的橄榄油；放入鼠尾草叶，搅拌 1 分钟直到变脆。用漏勺盛出，用纸巾吸干鼠尾草表面的油，保留鼠尾草油。

4 剥去烤蒜皮。将蒜、洋葱、⅔ 的番茄和⅔ 的豆子搅拌均匀，倒入一个大平底锅中，加入水和剩余的豆子；用中火加热，偶尔搅拌，直到热透。用盐和黑胡椒调味。

5 把汤舀进碗里，加入剩下的番茄和脆鼠尾草叶，淋上保留的鼠尾草油。

烟熏鹰嘴豆炖菜

完全素食 | 准备 + 烹饪时间 40 分钟 | 4 人份

鹰嘴豆富含蛋白质,是肉类的绝佳替代品。它们用途广泛,可以添加到汤、炒菜和沙拉中,为炖菜带来坚果般的口感。本菜品可以搭配烤扁面包或蒸粗麦粉和希腊酸奶食用。

1 个小红辣椒(约 150 克),纵向切成四等份

1 个小黄辣椒(约 150 克),纵向切成四等份

60 毫升特级初榨橄榄油

1 个中等大小的红洋葱,切碎

2 瓣蒜,切碎

15 克烟熏辣椒粉

一撮藏红花

1 根肉桂

2×400 克鹰嘴豆罐头,冲洗干净,沥干

400 克碎番茄罐头

500 毫升蔬菜高汤

200 克青豆,纵向切半

盐和现磨的黑胡椒粉

100 克嫩火箭叶

1 将烤箱预热至220℃。

2 将辣椒片放在烤箱托盘上,淋上30毫升橄榄油,烤15分钟直到变软。

3 同时,在一个大煎锅中用中火加热15毫升橄榄油,将洋葱和大蒜炒5分钟直到变软。加入辣椒粉、藏红花和肉桂,加热、搅拌1分钟直到香味扑鼻。

4 将鹰嘴豆、番茄和高汤加入锅中,烧开。转小火,炖12分钟或直到酱汁变稠。加入豆子,炖2分钟直到变软,用盐和黑胡椒调味。

5 炖菜出锅,上面撒上辣椒和火箭叶,再淋上剩余的橄榄油。最后撒上黑胡椒粉。

奶酪、鹰嘴豆和蔬菜咖喱

乳类素食 | 准备 + 烹饪时间 30 分钟 | 4 人份

　　印度奶酪是一种新鲜的未成熟牛奶奶酪，起源于印度，类似于压榨乳清干酪。如果没有添加盐，在正常烹饪温度下，它不会融化。如果你愿意，可以用豆腐替代它。

花生油，煎炸用

6 根带叶咖喱小枝（约 6 克）

30 毫升花生油，额外添加

1 个大洋葱（约 200 克），切成薄片

2 瓣蒜，切成薄片

15 克磨碎的新鲜生姜

100 克咖喱酱

400 克鹰嘴豆罐头，冲洗干净，沥干

400 克碎番茄罐头

125 毫升水

400 克印度奶酪（见提示）

150 克青豆，斜线切成两半

60 毫升稀奶油

1 将花生油放入中等大小的炖锅中，以高火加热；浅煎 4 片带叶咖喱小枝 10 秒直到变脆。用纸巾吸干咖喱表面的油。

2 在大炖锅中，用大火加热 15 毫升的花生油，放入洋葱、蒜和生姜，加热 3 分钟直到洋葱变软。加入咖喱酱和剩余的带叶咖喱小枝，加热、搅拌 1 分钟直到香味扑鼻。

3 加入鹰嘴豆、番茄和水，煮沸。转小火，盖上盖子，炖 5 分钟。

4 同时，将印度奶酪分成 3 厘米的小块。在大煎锅中，用中火加热剩余的 15 毫升花生油；将奶酪下锅煎制，适时翻面，直到奶酪完全变成棕色。从锅中取出，放凉弄碎。

5 在咖喱中加入豆子和奶油，煮 5 分钟直到豆子变软。加入奶酪搅拌，煮至熟透。在上面撒上炸咖喱叶。

提示

印度奶酪在许多大型超市和印度食品商店都有售。

菠菜和乳清干酪意大利烤面

乳类素食 | 准备 + 烹饪时间 1 小时 + 冷却 | 4 人份

　　将奶油乳清干酪和菠菜混合在意大利面壳中，上面撒上奶酪，烘烤至起泡呈金黄色。你可以提前 3 小时准备烘焙前的食材，只需在盘子上盖上锡箔纸，然后冷藏保存。你可以搭配一份菊苣沙拉食用。

32 个大意大利面壳（约 280 克）

500 克菠菜，去茎

600 克意大利乳清干酪

30 克切碎的新鲜平叶欧芹

15 克切碎的新鲜薄荷

700 克瓶装番茄酱

125 毫升蔬菜高汤

30 克细磨碎的素食帕尔马干酪

3 克新鲜罗勒叶

1 将意大利面壳放入一个大煮锅中，用沸水煮 3 分钟；滤干水分，冷却 10 分钟。转移到托盘上。

2 将烤箱预热至 180℃，在 4 个 500 毫升的浅烤盘上刷油。

3 将菠菜蒸、煮或用微波炉加热至脱水，用冷水冲洗，滤干水分，挤出菠菜中多余的水分，切碎。

4 将菠菜放入一个大碗中，加入意大利乳清干酪和香草；搅拌均匀，用勺子将其舀到意大利面壳里。

5 将番茄酱和高汤在一个罐子里混合均匀，倒进盘子里。把填好的意大利面壳放在盘子上，撒上一半的素食帕尔马干酪。用锡箔纸盖住盘子，放在烤箱托盘上。

6 烤 30 分钟直到意大利面变软。去掉锡箔纸，再烤 10 分钟。冷却 10 分钟（见提示）。上桌时，在烤面上撒上剩下的素食帕尔马干酪和罗勒叶。

提示

这个意大利烤面可以在一个 2 升（8 杯）的浅烤盘中制作，烤 50 分钟直到意大利面变软；去掉锡箔纸，然后再烤 10 分钟。

辣椒豆饼配玉米馅饼

乳蛋素食 | 准备 + 烹饪时间 1 小时 | 6 人份

这款美味的四豆辣椒搭配金色的芝士玉米饼和甜玉米粒，更加美味。营养丰富的豆子和辣椒有助于冬季御寒。

30 毫升橄榄油
1 个中等大小的棕色洋葱（约 150 克），切碎
1 个中等大小的绿色辣椒（约 200 克），切碎
2 瓣蒜，压碎
10 克墨西哥辣椒粉
5 克孜然粉
2×400 克碎番茄罐头
375 毫升蔬菜高汤
4×400 克豆类混合罐头，冲洗干净，沥干
8 克切碎的新鲜香菜
盐和现磨的黑胡椒粉
110 克面粉
125 克玉米粥
90 克黄油，粗略切碎
1 个鸡蛋，轻轻打散
40 克粗略磨碎的素食切达干酪
125 克罐装玉米粒（甜玉米），沥干
30 毫升牛奶

番茄酸橙沙拉
400 克混合鲜嫩原种番茄，对半切开
8 克新鲜香菜叶
小红洋葱（约 50 克），切成薄片
30 毫升酸橙汁

1 在大炖锅中，用中高火加热油，将洋葱、辣椒和蒜炒 5 分钟直到洋葱变软。加入辣椒粉和孜然粉，加热、搅拌 1 分钟直到香气扑鼻。加入番茄、蔬菜高汤和豆类混合物，烧开。转小火，用文火炖 15 分钟直到酱汁稍微变稠。加入香菜，用盐和黑胡椒调味。

2 同时，将烤箱预热至 200℃。把面粉和玉米粥放在一个中等大小的碗里，抹上黄油。加入鸡蛋、切达干酪、一半玉米和足够的牛奶，搅拌成柔软、黏稠的面团。

3 用勺子将豆类混合物倒入一个 2 升的烤盘中。将几汤匙玉米混合物倒在豆类混合物上，把剩下的一半玉米撒在上面。烤 20 分钟直到变成棕色。

4 同时，制作番茄酸橙沙拉。在一个小碗中混合番茄和酸橙调味汁。用盐和黑胡椒调味。

5 将辣椒豆饼和沙拉一起上桌。

绿色沙克舒卡

乳蛋素食 | 准备 + 烹饪时间 30 分钟 | 4 人份

传统的沙克舒卡起源于北非。这是一道简单的一锅菜，把用小火煮熟的鸡蛋和美味的蔬菜混合在一起。如果你喜欢，可以用银甜菜（瑞士甜菜）或菠菜代替羽衣甘蓝，配一份菊苣沙拉。

30 毫升橄榄油

1 把韭菜（约 350 克），切成薄片

1 瓣蒜，切成薄片

1 个小茴香球茎（约 130 克），去皮，切成薄片，保留复叶

150 克绿羽衣甘蓝，粗略切碎

125 毫升蔬菜高汤

8 个鸡蛋

盐和现磨的黑胡椒粉

125 克浓缩酸奶

60 克切成一半的辣青橄榄

¼ 茶匙（1.25 克）盐肤木果

4 个皮塔袖珍面包（约 150 克）

1 在大煎锅中，用中火加热橄榄油，将韭菜、蒜、小茴香和羽衣甘蓝煎5分钟直到蔬菜变软。加入高汤搅拌，小火慢炖。

2 用勺子背面在混合物中做8个浅凹痕，每个洞打一个鸡蛋。盖上盖子，用小火煮6分钟，直到蛋清凝固，蛋黄呈溏心状，或者煮到你喜欢的程度。用盐和黑胡椒调味。

3 在沙克舒卡上面放上浓缩酸奶和橄榄，撒上盐肤木果和保留的茴香叶，与炭烤皮塔袖珍面包一起食用。

派对小食

这些新鲜、营养均衡的菜肴非常适合与朋友一起分享，与朋友共进午餐时可以作为拼盘，或者在派对上作为小点心。

五香奶酪和油炸茄饼

乳类素食 | 准备 + 烹饪时间 1 小时 | 6 人份

这些金色馅饼充满了印度风味，外层香辣酥脆，内里柔软，让人垂涎欲滴，是适合聚会的美味佳肴。你可以选择搭配任何酸辣酱一起食用。

1 个大茄子（约 500 克），切成 2.5 厘米厚的块

30 毫升植物油

15 克孜然籽

盐和现磨的黑胡椒

300 克鹰嘴豆粉

15 克香菜粉

10 克印度香料

375 毫升水

200 克奶酪，切成 2.5 厘米厚的块

单独一份植物油（用于油炸）

1 个青柠（约 65 克），切成两半或楔形

椰子薄荷酸辣酱

8 克新鲜薄荷叶，另加

16 克新鲜香菜叶

125 毫升水

40 克椰子丝

2 根大葱，粗略切碎

1 个新鲜的长绿辣椒，粗略切碎

30 毫升青柠汁

5 克孜然粉

1 将烤箱预热至200℃，在烤盘上铺上烘焙纸。将茄子、植物油和孜然籽混合在烤盘中，搅拌均匀，用盐和黑胡椒调味。烤30分钟直到茄子呈金黄色，将烤箱温度降至100℃。

2 同时，制作椰子薄荷酸辣酱。将原料混合均匀，用盐和黑胡椒调味。

3 将鹰嘴豆粉、香菜粉和印度香料放入一个中号碗中搅拌均匀。加水搅拌，直到混合均匀。用盐和黑胡椒调味。拌入茄子和奶酪。

4 在大平底锅中加入⅓的油，加热至180℃（或直到一块面包在10秒内变黄）。将茄子和奶酪分3批油炸，沥干多余的面糊，然后再加入油中，油炸3分钟。在炸制过程中翻面，炸至金黄。用漏勺盛出，用纸巾吸干表面的油，用盐调味。

5 将馅饼与酸辣酱和青柠块搭配食用。

烤布里干酪配松子杜卡

乳类素食 | 准备 + 烹饪时间 20 分钟 | 6 人份

杜卡是一种埃及坚果、种子和香料的混合物，可以为许多开胃菜或共享拼盘增添活力。任何剩下的杜卡都可以撒在沙拉、软奶酪或烤蔬菜上，或者简单地与面包和油一起食用。

280 克双层布里干酪
1 瓣蒜，切成薄片
15 毫升石榴糖蜜（见提示）
50 克干麝香葡萄干（见提示）
100 克拉沃什饼干（见提示）

松子杜卡
40 克松子仁
40 克去皮杏仁
15 克芝麻
5 克孜然籽
5 克香菜籽
盐和现磨的黑胡椒粉

1 将烤箱预热至180℃。在烤箱托盘上铺上烘焙纸。

2 将布里干酪放在托盘上，用一把小刀在奶酪顶部切几个小孔，把蒜片压进小孔里。烤15分钟直到布里干酪变软。

3 同时，制作松子杜卡。在一个小的干煎锅中，用中火搅拌原料3分钟，直到松子仁变成金黄色，粗略切碎，用盐和黑胡椒调味。

4 将石榴糖蜜淋在热的布里干酪上，撒上杜卡。将烤布里干酪搭配拉沃什饼干和麝香葡萄干一起上桌。

提示

中东食品店、特色食品店和一些熟食店都有石榴糖蜜、麝香葡萄干和拉沃什饼干。

素食切达干酪、百里香和山核桃松饼

乳类素食 | 准备 + 烹饪时间 45 分钟 | 6 人份

这些富含奶酪和香草味的食物是与朋友共进午餐的完美选择。这些食物也可以在 12 孔（80 毫升）松饼锅中烘焙完成，大约加热 15 分钟。如果你喜欢，可以在松饼上涂上黄油。

450 克自发面粉

5 克海盐片

15 克切碎的新鲜百里香

30 克切碎的新鲜平叶欧芹

100 克黑橄榄和绿橄榄，粗略切碎

160 克磨碎的素食切达干酪

120 克粗切山核桃

2 个鸡蛋，轻轻打散

310 毫升酪乳

80 毫升植物油

12 枝新鲜百里香，额外添加

45 克滤干水分的腌制酸黄瓜

55 克黑橄榄，额外添加

100 克素食切达干酪，额外添加

1 将烤箱预热至180℃。在6（180毫升）孔松饼锅中涂抹油脂和面粉。

2 将面粉、盐、切碎的百里香和欧芹、橄榄、40克素食切达干酪和90克山核桃放入一个大碗中，搅拌均匀。在中间挖一个孔，加入鸡蛋、酪乳和植物油，搅拌均匀。用勺子把混合物舀进锅孔里，撒上剩下的素食切达干酪、剩下的山核桃和额外添加的百里香。

3 烘烤松饼25分钟至把竹签插入松饼中心，取出时没有粘连。在锅里静置5分钟，然后放在金属架上。

4 待松饼（见提示）加热或冷却后，配上玉米卷、额外的橄榄和奶酪。

提示

这些松饼可以冷冻保存 3 个月。解冻，然后在烤箱或微波炉中加热后食用，可以提神。

墨西哥玉米和牛油果意式烤面包

乳类素食 | 准备 + 烹饪时间 30 分钟 | 4 人份

这道经典的意大利开胃菜具有墨西哥风味，非常适合作为派对菜品。你可以提前几个小时制作调味青柠酸奶，将其储存在冰箱里，你也可以在菜品上面撒上羊奶酪碎。

3 根修剪过的玉米（约 750 克）

8 片薄薄的酸面包（约 450 克）

60 毫升橄榄油

2 个大牛油果（约 640 克），切碎

4 克新鲜香菜叶

5 克青柠皮条（见提示）

青柠角

盐和现磨的黑胡椒粉

调味青柠酸奶

140 克希腊酸奶

1 瓣蒜，压碎

15 毫升青柠汁

一撮辣椒粉

1 在加热的油烤盘（或烧烤架）上烤玉米，偶尔转动，烤15分钟直到有点焦、变软。冷却到可以处理的程度后，从玉米棒上切下玉米粒。

2 同时，制作调味青柠酸奶。在一个小碗中轻轻地将原料搅拌在一起，用盐和黑胡椒调味。

3 在面包上刷上30毫升橄榄油，将其放在加热过油的烤盘上，每面烤制1分钟直至轻微烤焦。

4 在小碗中捣碎牛油果，加入剩余的橄榄油。用盐和黑胡椒调味。

5 在烤面包上涂上牛油果，用盐和黑胡椒调味。加入玉米和调味青柠酸奶，然后加入香菜和青柠皮。配青柠角食用。

提示

如果你有青柠皮，可以使用切丝器将其切成丝。如果你没有青柠皮，可以从酸橙上剥下两片长而宽的皮，不带白色的髓，然后把它们纵向切成细条。

豌豆鹰嘴豆榛子沙拉三明治

乳蛋素食 | 准备 + 烹饪时间 30 分钟 + 冷藏 | 12 人份

沙拉三明治是一种流行的街头小吃，起源于中东。传统上，它是用鹰嘴豆或蚕豆做成的，通常与皮塔饼或烤大饼一起食用，是素食主义者最喜欢的食物之一。这种营养丰富的坚果类食物适合作为小点心，搭配酸奶蘸料食用。

60 克冻豌豆，解冻

125 克鹰嘴豆罐头、冲洗干净、沥水

50 克羊乳酪，切碎

10 克粗略切碎的新鲜薄荷

1 个新鲜长绿辣椒，带籽，切碎

1 个鸡蛋

25 克榛子粉

盐和现磨的黑胡椒粉

15 克白芝麻

30 克切碎的榛子

适量植物油，用于浅煎

1 个中等柠檬（约 140 克），切成楔形

薄荷酸奶

140 克希腊酸奶

15 毫升柠檬汁

15 克切碎的新鲜薄荷

1 将豌豆、鹰嘴豆、羊乳酪、薄荷、辣椒、鸡蛋和榛子粉放入食品加工机，开机，直到粗略切碎并混合均匀。用盐和黑胡椒调味。用汤匙将混合物做成球状，稍微压平，做成沙拉三明治，放入白芝麻和榛子。将沙拉三明治放在铺好烘焙纸的烤箱托盘上。冷藏30分钟。

2 同时，制作薄荷酸奶。在一个小碗中混合各种食材。

3 在中号煎锅中，用中高火加热植物油，将沙拉三明治分批煎5分钟至金黄色，用纸巾吸干油分。

4 沙拉三明治搭配薄荷酸奶和柠檬角食用。

绿色蔬菜迷你煎蛋饼

乳蛋素食 | 准备 + 烹饪时间 35 分钟 | 8 人份

这些迷你意式煎蛋饼里面有绿色蔬菜，味道也很好，非常适合在前一天晚上做好，第二天为客人提供健康、富含蛋白质的早餐，让每个人都能顺利度过每一天。

10 毫升橄榄油

嫩韭菜（约 200 克），切成细条

半瓣蒜，压碎

包装牢固的嫩菠菜叶（约 120 克），

5 个鸡蛋，打散

125 毫升稀奶油

15 克切碎的新鲜薄荷

15 克切碎的新鲜罗勒

15 克切碎的新鲜莳萝

盐和现磨的黑胡椒粉

100 克羊乳酪，切碎

1 将烤箱预热至180℃。在12孔松饼锅的8个孔里放上纸盒。

2 将橄榄油倒入中号炖锅中，用中火加热；将韭菜翻炒3分钟，加入大蒜，加热2分钟直到韭菜变软。加入菠菜，加热，搅拌30秒直到菠菜脱水；关火，倒入盘子中，放一边。

3 在一个中等大小的罐子里搅拌鸡蛋、奶油和香草，用盐和黑胡椒调味。

4 将菠菜混合物分别倒入锅孔中，倒入鸡蛋混合物，然后加入羊乳酪。

5 将意式煎蛋饼烤20分钟直至凝固（见提示）。在平底锅中放置5分钟，冷却至温热或室温下直接食用。

提示

将意式煎蛋饼储存在密封容器中，放入冰箱最多可冷藏保存 5 天或冷冻保存 1 个月。

烤洋葱索卡配辣椒酸奶

乳类素食 | 准备 + 烹饪时间 40 分钟 |8 人份

索卡，又名意大利鹰嘴豆饼，是一种传统的意大利烤饼，由鹰嘴豆粉制成。它富含蛋白质和纤维素，可作为美味的清淡午餐。你需要一个烤盘来做这个美食。

1 个中等大小的棕色洋葱（约 150 克）

125 毫升橄榄油

盐和现磨的黑胡椒粉

180 克鹰嘴豆粉

5 克盐片

310 毫升温水

10 克切碎的新鲜迷迭香

15 克新鲜迷迭香小枝

20 克细磨碎的素食帕尔马干酪（确保不含动物凝乳酶）

辣椒酸奶

140 克希腊酸奶

5 毫升生蜂蜜

15 克粗切碎的新鲜平叶欧芹

¼ 茶匙（1.25 克）辣椒片

1 将烤箱预热至200℃，在烤箱托盘上铺上烘焙纸。

2 把洋葱去皮切成8块，分开洋葱各层。把洋葱放在碗里，加入15毫升橄榄油，使其分布于洋葱表面，用盐和黑胡椒调味。把洋葱放在烤箱托盘上，烤20分钟直到洋葱变成棕色。

3 将鹰嘴豆粉、盐、水、切碎的迷迭香和60毫升橄榄油放入一个中号碗中，搅拌至光滑。用黑胡椒粉调味，静置5分钟。

4 制作辣椒酸奶。将原料混合在一个小碗中。

5 将烤箱温度提高到250℃。用中高火加热一个大的、重的、耐高温的煎锅，加入剩余的橄榄油，加热几秒钟，倒入面糊，上面撒上洋葱和迷迭香。加热1分钟，转移到烤箱中，烘焙10分钟直到呈金黄色，然后将索卡从锅的侧面移开。

6 端上切成楔形的索卡（见提示），上面撒上素食帕尔马干酪和辣椒酸奶。

提示

将索卡储存在密封容器中，在冰箱中冷藏可保存 3 天或冷冻可保存 1 个月。

蛋黄酱

市面上很难找到质量好的纯素蛋黄酱，而且大多数蛋黄酱都是以大豆为基础制成的。这个食谱不仅不用乳制品和鸡蛋，也不用大豆，就可以制作出香气浓郁的奶油蛋黄酱。

基本纯素蛋黄酱

素食 | 准备时间 10 分钟 + 静置 | 制作
2 杯（600 克）

浸泡 160 克完全去皮的杏仁 4 小时，用冷水冲洗；滤干水分，将杏仁与 125 毫升水混合均匀。加入 15 毫升苹果醋、15 毫升柠檬汁和 5 克芥末，搅拌至光滑均匀。用盐和黑胡椒调味。打开搅拌机，缓慢、稳定地添加 125 毫升橄榄油，搅拌至光滑均匀（见提示）。放入密封容器中，在冰箱中可以储存 1 个月。

哈里萨辣味蛋黄酱

素食 | 准备时间 10 分钟 + 静置 | 制作
2 杯（600 克）

左边是基本的素食蛋黄酱，拌入哈里萨辣酱调味。

蒜泥蛋黄酱

素食 | 准备时间 10 分钟 + 静置 | 制作
2 杯（600 克）

左边是基本的素食蛋黄酱，加入 1 瓣蒜末搅拌。

提示

- 如果纯素蛋黄酱不够酸，就多加一点柠檬汁；如果太酸，就加一点冷水。
- 将这些纯素蛋黄酱涂抹在三明治上，可以作为纯素食谱的佐料，也可以作为蛋黄酱的配料，或用作蔬菜的蘸料。

西葫芦红薯面包

乳蛋素食 | 准备 + 烹饪时间 1 小时 20 分钟 + 冷却 | 6 人份

西葫芦为该菜品添加了极好的质地和湿润度，并增加了营养价值。如果你喜欢，可以用胡桃南瓜或胡萝卜代替红薯。你可以在面包上涂上黄油或香草味的软奶酪或山羊奶酪。

15 毫升橄榄油

1 个中等大小的棕色洋葱（约 150 克），切碎

2 瓣蒜，压碎

10 克切碎的新鲜迷迭香

2 个西葫芦（约 300 克），粗略磨碎

1 个小红薯（250 克），粗略磨碎

150 克自发粉

80 克细磨碎的素食帕尔马干酪

2.5 克肉豆蔻粉

5 克黑胡椒粉

5 个鸡蛋，轻轻打散

125 毫升酪乳（见提示）

35 克滤干油的番茄干，切成薄片

1 根长枝新鲜迷迭香

1 将烤箱预热至 180℃。在一个 10 厘米 x20 厘米的面包盘上涂油，将边缘扩展 5 厘米的烘焙纸铺在底部。

2 在煎锅中，用中火加热橄榄油；放入洋葱、大蒜和切碎的迷迭香，搅拌 4 分钟直至呈淡金色。转移到一个大碗里，放凉。

3 将西葫芦中的水分挤出来，加入洋葱混合物中，加入红薯、面粉、素食帕尔马干酪、肉豆蔻和黑胡椒；混合均匀。在中间挖一个洞，加入鸡蛋、酪乳和番茄干，混合均匀。把混合物摊到平底锅中，上面撒上迷迭香枝。

4 烘烤面包 1 小时，直到面包变成棕色，然后将竹签插入面包中心，抽出时不粘带任何东西。如果在烹饪过程中过度膨胀，请用箔纸轻轻覆盖。完成后在烤盘中冷却 20 分钟，然后取出。切成薄片，温热或在室温下食用。

提示

如果你手头没有酪乳，可以自己做：在罐子里放 10 毫升柠檬汁，加入 115 毫升低脂牛奶。

麻辣红薯香肠卷

乳蛋素食 | 准备 + 烹饪时间 1 小时 | 4 人份

在这里，香肠被换成了辛辣的蔬菜馅料，外面包裹着金黄的黄油酥皮。你可以提前准备好香肠卷，然后放入冰箱冷藏，备用。南瓜可以用来代替红薯。

600 克红薯，粗切碎

400 克红豆罐头，冲洗干净，沥干

150 克炭烤辣椒，切碎

150 克羊乳酪，切碎

2 根小葱，切碎

15 克切碎的新鲜香菜叶

15 克孜然粉

5 克干辣椒片

盐和现磨的黑胡椒粉

4 张刚刚解冻的酥皮饼

1 个鸡蛋，轻轻打散

10 克孜然籽

140 克烟熏烧烤酱

1 将烤箱预热至200℃，在两个烤箱托盘上放上烘焙纸。

2 将红薯蒸、煮或用微波炉加热至变软；捞出沥干，放在一个大碗里把红薯捣碎，直到光滑。

3 将豆子、辣椒和羊乳酪加入碗中，加入葱、香菜、孜然粉和辣椒，搅拌均匀。用盐和黑胡椒调味。

4 将¼的红薯混合物涂抹在每一层酥皮饼的一侧，卷起来。把卷饼放在托盘上，有缝的面朝下，刷鸡蛋液，撒上孜然籽。

5 将卷饼烤30分钟直到呈金黄色并膨化。把每卷切成4块，搭配烤肉酱一起食用。

西兰花、芥末和干酪手工馅饼

乳类素食 | 准备 + 烹饪时间 30 分钟 |4 人份

这些馅饼散发着奶酪的香味，还有令人垂涎欲滴的芥末味，非常适合午餐便当或与朋友共享。你可以搭配简单的蔬菜沙拉一起食用。

6 张酥皮

140 克蜂蜜芥末

300 克西兰花，切碎

180 克磨碎的素食切达干酪

150 克磨碎的马苏里拉干酪

盐和现磨的黑胡椒粉

1 个鸡蛋，轻轻打散

15 克烤芝麻

1 将烤箱预热至200℃。在两个烤箱托盘上放上烘焙纸。

2 以盘子为参照，从酥皮上切下6个22厘米的圆。在酥皮上抹上芥末，但在边缘留出1厘米不抹。

3 将西兰花、素食切达干酪和马苏里拉干酪混合在一个大碗中；用盐和黑胡椒调味。将 $\frac{1}{6}$ 的西兰花混合物放在酥皮的中间，将酥皮对折，将边卷起来，使西兰花全被酥皮包起来（见图），用剩下的西兰花混合物和酥皮重复上述步骤。

4 把馅饼放在托盘上。刷上鸡蛋液，撒上芝麻，在每个馅饼上切4刀斜线。

5 将馅饼烤25分钟至呈金黄色、膨胀。

甘蓝核桃馅饼

乳蛋素食 | 准备 + 烹饪时间 1 小时 20 分钟 | 6 人份

　　半流质混合物由磨碎的亚麻籽、葵花子和杏仁组成，可以将它撒在谷物、切碎的水果和酸奶上，既营养又健康。它富含维生素、矿物质、纤维素和必需脂肪酸。

40 克黄油，融化

310 克半流质混合物（见提示）

2 个鸡蛋

30 克羽衣甘蓝叶，切碎

80 克烤核桃，切碎

160 克意大利乳清干酪，捣碎

4 个鸡蛋，另加

330 毫升牛奶

10 克磨碎的柠檬皮

2 瓣蒜，压碎

10 克切碎的新鲜龙蒿

盐和现磨的黑胡椒粉

60 克豌豆芽

15 毫升柠檬汁

15 毫升橄榄油

1 将烤箱预热至200℃。在6个10厘米宽的带凹槽的模具上刷上一半融化的黄油，把模具放在烤箱托盘上。

2 将半流质混合物、鸡蛋和剩余融化的黄油混合在一个中等大小的碗中，用盐和黑胡椒调味。将半流质混合物压在模具底部和侧面，烤10分钟后放在一边冷却。将烤箱温度降至160℃。

3 将羽衣甘蓝、核桃和意大利乳清干酪放到模具中。将多余的鸡蛋、牛奶、柠檬皮、蒜和龙蒿放入一个大罐子中搅拌均匀，用盐和黑胡椒调味。把鸡蛋混合物倒在馅料上。

4 将馅饼烤30分钟直到刚凝固。将馅饼在模具中放置5分钟，稍微冷却，但要趁热将其从模具中取出（以防粘在一起）。

5 同时，将豌豆芽、柠檬汁和橄榄油混合在一个小碗中，用盐和黑胡椒调味。

6 在馅饼上撒上豌豆芽。

提示

半流质混合物可以在一些保健食品商店找到，也可以在网上购买。你也可以自己制作：将3份亚麻籽、2份葵花子和1份杏仁混合到一起，磨细即可。

甘蓝

甘蓝被认为是一种超级食物，因为它富含维生素和矿物质。事实上，甘蓝是地球上营养最丰富的食物之一。它还含有植物营养素，可以抑制炎症，甚至可以保护脑细胞免受压力的影响。

捣碎的土豆和甘蓝

素食 | 准备 + 烹饪时间 30 分钟 | 4 人份

将 400 克小土豆（如果大，将土豆切半）和 2.5 克姜黄粉放入一个中等大小的炖锅中，加入冷水漫过土豆，烧开。煮 15 分钟直到变软，将其捞出，把水倒掉，在同一炖锅中加热 30 毫升橄榄油和 60 克黄油；将 1 个压碎的蒜瓣和 400 克撕碎的甘蓝叶煮 5 分钟直到甘蓝脱水。将土豆放回锅中，用勺子背面轻轻打碎每块土豆；分别加入 30 克杜卡叶和薄荷叶，搅拌均匀。

红米甘蓝沙拉

素食 | 准备时间 20 分钟 | 2 人份

将烤箱预热至 200℃。将 200 克红米放入沸水中煮 35 分钟，加入 240 克冷冻豌豆和 250 克粗碎青豆；再煮 5 分钟直到米饭和豆子变软；用冷水冲洗，滤干水分。滤干水分的同时，将 150 克紫色甘蓝和 30 毫升橄榄油一起放在烤箱托盘上；用盐和黑胡椒调味，烤 10 分钟直到紫色甘蓝变脆。在小碗中搅拌 7.5 克芥末、15 毫升白葡萄酒醋和 37.5 毫升橄榄油。加入大米混合物、一半甘蓝，混合均匀。将剩下的甘蓝和 100 克羊乳酪碎撒在沙拉上。

生甘蓝西兰花沙拉

素食 | 准备 + 烹饪时间 50 分钟 | 2 人份

粗切碎 70 克紫色甘蓝叶子。将 350 克西兰花的粗根茎去掉，切成中等大小的小块。准备一个 230 克的梨，用曼陀林或 V 形切片机将西兰花和梨切成薄片。将甘蓝、西兰花和梨放在一个盘子里。将 10 克罗望子泥、10 毫升日本酱油、5 毫升酸橙汁、10 毫升芝麻油和 10 克芝麻在一个罐子里混合均匀，淋在沙拉上。

甘蓝核桃香蒜沙司

素食 | 准备 + 烹饪时间 20 分钟 | 4 人份

在 70 克甘蓝中，加入 10 克新鲜平叶欧芹、80 克磨碎的帕尔马干酪、60 毫升柠檬汁、30 克烤核桃和 250 毫升特级初榨橄榄油，混合均匀，用盐和黑胡椒调味。将 400 克全麦意大利面或短管意大利面放入盛有煮沸的盐水的炖锅中，煮至意大利面几乎变软；滤干水分，保留 60 毫升炖锅中的面汤。把意大利面放回锅里，关火。加入香蒜酱和保留的面汤，轻轻搅拌直到混合均匀。在上面撒上辣椒片即可食用。

芦笋和羊乳酪煎蛋饼

乳蛋素食 | 准备 + 烹饪时间 35 分钟 + 冷却 | 6 人份

蔬菜煎蛋饼是意大利版的煎蛋卷；以鸡蛋为基础，搭配各种食材。这个蔬菜版本的煎蛋饼口感新鲜、营养丰富，特点是含有羊乳酪和绿色蔬菜。它既适合单独食用，也适合作为午餐的前菜。

170 克芦笋，去皮，粗切碎
2 个小西葫芦（约 180 克），纵向切成薄片
120 克冻豌豆
150 克碎乳酪
8 个鸡蛋
125 毫升稀奶油
4 克新鲜薄荷叶，撕碎
盐和现磨的黑胡椒粉
柠檬块

1 将烤箱预热至180℃。把20厘米×30厘米矩形烤盘的底部刷上油，在底部和四周都铺上烘焙纸，烘焙纸边缘延伸出5厘米。

2 将芦笋、西葫芦和豌豆放入一个小炖锅中，倒入沸水，再次烧开。滤干水，在一碗冰水中冷却直到变凉。滤干水，用纸巾擦干水。把蔬菜和羊乳酪放到烤盘里。

3 在一个大罐子里搅拌鸡蛋和奶油，直到混合均匀；加入薄荷，用盐和黑胡椒调味。把混合物倒在蔬菜上。

4 将煎蛋饼烤25分钟直至凝固（见提示）。冷却后再切成块。如果你喜欢，可以搭配柠檬块一起食用。

提示

煎饼可以温热食用，也可以室温食用。盖上盖子，在冰箱中可冷藏保存两天。

烤蒜味南瓜鼠尾草派

乳蛋素食 | 准备 + 烹饪时间 1 小时 30 分钟 + 冷藏 | 6 人份

这些秋天的南瓜和鼠尾草配上美味的五香酥皮，可以作为一顿美味的午餐或开胃菜。若要作为聚会上的小点心，你可以把它们放在几个迷你松饼托盘里。

900 克胡桃南瓜，切碎

4 瓣蒜，不去皮

15 毫升橄榄油

3 个鸡蛋，轻轻打散

125 毫升稀奶油

3 克粗切碎的新鲜鼠尾草

盐和现磨的黑胡椒粉

75 克碎乳酪

22.5 克烤南瓜子

辛辣糕点

225 克普通面粉

5 克香菜粉

5 克孜然籽

125 克冷黄油，粗切碎

1 个鸡蛋黄

30 毫升冰水

1 将烤箱预热至220℃。

2 将南瓜和大蒜放在烤箱托盘上，淋上油，烤20分钟直到变软。转移到一个大碗里，冷却5分钟。把大蒜从皮里挤出来，用叉子把南瓜和大蒜粗略捣碎。加入鸡蛋、奶油和鼠尾草，用盐和黑胡椒粉调味。

3 同时，制作辛辣糕点。将面粉、香料和黄油加工成酥性面团。加入蛋黄和大部分水，继续加工，直到原料完全混合在一起。用保鲜膜包裹酥面团，冷藏30分钟。

4 把6个9厘米×12厘米的椭圆形或者相似大小的圆形模具内壁刷上油。把酥皮面团均匀分成6小块，把每一片放在烘焙纸之间辊压成饼，直到足够大，可以把模具覆盖。把酥皮放到模具里，压入侧面，修剪边缘。冷藏20分钟。

5 将烤箱温度降至200℃。把半成品放在烤箱托盘上，用烘焙纸盖住，用干豆或大米填充，烤10分钟；去掉纸和豆子，再烤5分钟直到微微变成棕黄色，放凉。

6 用南瓜混合物填满酥皮盒，撒上羊乳酪。烘烤35分钟直至凝固并变成棕色。在馅饼上面再撒上烤南瓜子。

蔬菜水饺配酱油辣椒蘸料

完全素食 | 准备 + 烹饪时间 45 分钟 | 4 人份

这些新鲜的亚洲风格的蒸饺是纯粹的治愈餐。这些营养丰富的云吞形状的点心类似于意大利水饺。人们通常将它们放在淡汤里，制作饺子汤。

300 克菠菜，修整

125 克西兰花

60 克新鲜切碎的韭菜

30 毫升酱油

2 瓣蒜，细磨碎

22.5 克细磨碎的新鲜生姜

10 毫升芝麻油

240 克饺子皮

酱油辣椒蘸料

60 毫升酱油

30 毫升中国黑醋

5 克细白砂糖

5 毫升芝麻油

5 毫升辣椒油

1 根葱，切成薄片

1 将菠菜和西兰花煮、蒸或用微波炉加热至变软；捞出，用冷水冲洗；挤出多余的水分，切碎。

2 将菠菜、西兰花、韭菜、酱油、大蒜、生姜和芝麻油混合在一个中号碗中。

3 将10克混合物放在饺子皮的中心。用手指弄湿饺子皮的边缘，对折并将边缘压在一起以密封。用剩下的水饺皮和馅料物重复上述步骤。

4 将饺子分批放入一个装有沸水的大煮锅中，煮2分钟直到饺子漂浮在水面上变软，捞出。

5 同时，制作酱油辣椒蘸料。在一个小碗中混合各种原料。

6 把饺子和蘸料一起上桌。

玉米鹰嘴豆科夫塔配哈里萨酸奶

乳蛋素食 | 准备 + 烹饪时间 45 分钟 | 4 人份

科夫塔在中东很流行，传统上是用五香肉做成的。这种素食版本使用富含蛋白质的鹰嘴豆和玉米代替五香肉；也可以用黎巴嫩面包包起来，加不加生菜都可以。

2 颗玉米（约 800 克），修整，去皮去丝
60 毫升橄榄油
盐和现磨的黑胡椒粉
1 个小洋葱（约 80 克），切碎
15 克摩洛哥调味料
2×400 克鹰嘴豆罐头，冲洗干净，沥干
1 个鸡蛋，轻轻打散
35 克普通面粉
8 克切碎的新鲜香菜
12 克切碎的新鲜薄荷
16 片生菜叶
1 根约 130 克的黄瓜，纵向剥皮成丝带状
200 克番茄，切成两半

哈里萨酸奶
280 克希腊酸奶
10 克哈里萨酱
5 毫升蜂蜜
2.5 克孜然粉

提示

科夫塔可以提前一天制作，食用前用铝箔覆盖，在烤箱中重新加热。

1 在玉米上刷一点橄榄油，用盐和黑胡椒粉调味。将玉米放在加热的油烤盘（或烧烤架）上，用中火加热，偶尔翻一翻，持续 15 分钟直到呈金黄色、变软。当冷却到可以处理时，从玉米棒上切下玉米粒，放在一个大碗里。

2 同时，将烤箱预热至 200℃。

3 在小煎锅中，用中火加热 10 毫升油；将洋葱加热，偶尔搅拌，持续 5 分钟直到变软。加入摩洛哥调味料，加热、搅拌 1 分钟直到香气扑鼻。将混合物和玉米一起转移到碗中，加入鹰嘴豆，然后粗捣碎。加入鸡蛋、面粉、香菜和薄荷，用盐和黑胡椒调味。将混合物分成 16 杯，放在烤箱托盘上。

4 在同一个锅中加热剩余的油，用中火分批烹制科夫塔（见提示），偶尔翻炒 5 分钟直到变成金黄色。转移到一个轻微刷油的烤箱托盘中，烤 10 分钟直到熟透。

5 制作哈里萨酸奶。在小碗中混合原料，用盐和黑胡椒调味。

6 将软饼放在生菜上，配上黄瓜和西红柿，淋上哈里萨酸奶。

零食和小吃

在这里，你会发现一系列令人味蕾大开的健康饮食，是一种非常适合在旅途中食用的健康的美味佳肴，配上开胃菜更加吸引人，是平时小吃或晚宴小吃的理想选择。

羽衣甘蓝片

完全素食 | 准备 + 烹饪时间 25 分钟 + 冷却 | 8 人份

　　这些脆脆的羽衣甘蓝片和薯片一样容易让人上瘾，但它的热量比薯片更低，有更高的营养价值。它非常适合清淡的搭配，是美味小吃爱好者的健康选择。

450 克羽衣甘蓝
15 毫升特级初榨橄榄油
2.5 克碎海盐片

1 将烤箱预热至190℃。预热时，将3个烤箱托盘放入烤箱中。

2 将羽衣甘蓝的茎从叶子上取下，并丢弃。把叶子洗干净，用纸巾或沙拉旋转器拍干。把羽衣甘蓝叶子撕成5平方厘米的碎片，放在一个大碗里，然后淋上橄榄油并撒上盐。用手把油和盐涂抹在羽衣甘蓝上。将裹好的羽衣甘蓝单层铺在托盘上。

3 将羽衣甘蓝烤10分钟，取出所有已经酥脆的羽衣甘蓝。将剩下的羽衣甘蓝放入烤箱再烤2分钟。重复上述步骤，直到所有的羽衣甘蓝变脆，放凉（见提示）。

提示

这些羽衣甘蓝片在密封容器中可保存长达两周。

烤混合橄榄和羊乳酪

乳类素食 | 准备 + 烹饪时间 25 分钟 | 6 人份

这些香喷喷的烤橄榄具有地中海风味，是一道简单而美味的小吃，也可以当作晚宴点心。如果你喜欢，可以用去核的橄榄。

香菜籽、茴香籽、孜然籽各 5 克

1 个柠檬（约 140 克）

300 克橄榄

5 克现磨的黑胡椒粉

60 毫升橄榄油

30 毫升雪利酒醋

2 瓣蒜，切成薄片

1 个新鲜的红色长辣椒，切成薄片

200 克羊乳酪，切成方块

3 根新鲜百里香小枝

1 将烤箱预热至180℃。在烤箱托盘上放置烘焙纸。

2 用研钵和杵轻轻碾碎香菜籽、茴香籽、孜然籽。在小煎锅中，用中火将碾碎的香菜籽、茴香籽、孜然籽干煎，要经常摇动煎锅持续1分钟直到有香味。

3 使用蔬菜去皮器，从柠檬上剥下果皮，不留任何白色的果镶。把果皮切成长条。

4 将橄榄、柠檬皮、黑胡椒、橄榄油、醋、大蒜、辣椒、羊乳酪、百里香和烤碎的种子混合在一个中等大小的碗中，将混合物放在烤箱托盘上。

5 烤8分钟直到热透。

诺丽芝麻片

完全素食 | 准备 + 烹饪时间 20 分钟 | 制作 60 块

　　诺丽是干燥可食用海苔片的日本名称，它最著名的用途是用于制作寿司。这些海苔片营养价值很高，是薯片或其他高盐零食的绝佳替代品。为了使这个食谱不含麸质，你可以把酱油换成塔玛里酱。

10 张雅吉诺丽片（约 25 克，见提示）
22.5 克低盐大豆酱油
12.5 克芝麻油
22.5 克白芝麻

1 将烤箱预热至150℃。在3个大烤箱托盘上放上烘焙纸。

2 在每个托盘上放两张亮面朝上的诺丽。如果一个托盘里放不下两张，就一次烤一张。

3 将酱油和芝麻油混合在一个小碗中。将一半的大豆酱油刷在托盘上的海苔片上，再撒上一半的芝麻。

4 将海苔片烤8分钟直至酥脆，转移到架子上冷却。

5 用剩下的海苔片、大豆酱油和芝麻重复上述步骤，可以重复使用托盘和烘焙纸。

6 上菜前，把每张海苔片切成6块。

提示

诺丽片在密封容器中可保存长达两周。

欧洲萝卜片鹰嘴豆泥配五香鹰嘴豆

完全素食 | 准备 + 烹饪时间 1 小时 15 分钟 | 8 人份

这种滑滑的、奶油状的鹰嘴豆泥，用香甜的充满泥土芳香的欧洲萝卜替代鹰嘴豆，作为主要原料，配上脆的欧洲萝卜片和五香鹰嘴豆，是一种令人喜爱的小吃。

4 根中等大小的欧洲萝卜（约 1 千克），
去皮，粗切碎
30 毫升橄榄油
盐和现磨的黑胡椒粉
2 瓣蒜，压碎
30 毫升芝麻酱
180 毫升蔬菜高汤
160 毫升橄榄油，额外
22.5 毫升苹果醋
5 克切碎的新鲜平叶欧芹
2 个黎巴嫩扁面包，烤熟，撕成大块

欧洲萝卜片
2 根中等大小的欧洲萝卜（约 500 克），
去皮
食用油（喷雾）

五香鹰嘴豆
30 毫升橄榄油
2 个中等大小的红洋葱（约 340 克），
切成两半，切成薄片
2 x 400 克鹰嘴豆罐头，冲洗干净，沥干
2 瓣蒜，切片
30 克孜然籽
10 克香菜粉
2.5 克辣椒片
30 毫升石榴糖蜜

1 将烤箱预热至180℃。在一个大烤箱托盘上放上烘焙纸。将欧洲萝卜和橄榄油混合放到托盘上，用盐和黑胡椒调味。烤45分钟直到欧洲萝卜变软，稍微冷却。

2 制作欧洲萝卜片。将烤箱温度提高到220℃，在两个大烤箱托盘上放上烘焙纸。用蔬菜去皮器将欧洲萝卜去皮削成细条带，放在托盘上，轻轻地喷上食用油，用盐和黑胡椒调味。烤8分钟，加热到一半时，翻一下面，直到呈金黄色。

3 制作欧洲萝卜鹰嘴豆泥。将烤好的欧洲萝卜放入大蒜、芝麻酱、蔬菜高汤、额外的油和醋中，搅拌成泥状，直到均匀，用盐和黑胡椒调味。

4 制作五香鹰嘴豆。在大煎锅中，用中火加热橄榄油，放入洋葱，稍微搅拌8分钟直到洋葱变软。加入鹰嘴豆和大蒜，加热搅拌3分钟。加入香料和辣椒，煮2分钟；加入石榴糖蜜，用盐调味。

5 在欧洲萝卜鹰嘴豆泥上撒上一半鹰嘴豆和一半欧芹。剩下的鹰嘴豆和欧芹搭配扁面包和欧洲萝卜片一起上桌。

奶酪和泡菜烤面包

乳类素食 | 准备 + 烹饪时间 1 小时 + 冷藏 | 6 人份

这个食谱中的自制扁平面包让这些奶酪烤面包变得特别——非常适合做晚餐或美味小吃。如果你想做给孩子吃，可以不用泡菜，而是用番茄片。

185 克普通面粉

75 克自养面粉

一小撮小苏打

10 克白砂糖

1 根葱，切成薄片

10 克黑芝麻

10 克白芝麻

5 克海盐片

5 克现磨的黑胡椒粉

140 克天然酸奶

80 毫升水

30 毫升植物油

150 克磨碎的马苏里拉干酪

450 克泡菜，沥干

185 克磨碎的格鲁埃干酪

1 根黄瓜（约 130 克），切成细长的丝带

4 克新鲜香菜叶

2 克新鲜薄荷叶

1 将面粉、小苏打和糖筛入大碗中，加入葱、黑芝麻、白芝麻、盐和黑胡椒粉。将酸奶、水和一半的油混合在一个罐子里。将酸奶混合物倒入干燥的配料中，搅拌均匀，揉成面团。将面团在撒了面粉的案板上揉5分钟直到面团表面光滑，冷藏30分钟。

2 把面团分成6份，将每份用擀面杖擀成约2毫米厚、25厘米长的面饼。在饼上刷上剩余的油，放在刷了油的烤盘（或烧烤架）上加热，每面烤2分钟直到扁平面包变成金黄色。

3 将25克马苏里拉干酪、60克泡菜、30克格鲁埃干酪分别加到6个扁平面包中间。将扁平面包放在烤盘上烘烤，每面烤1分钟，或者直到奶酪融化。

4 烤面包时，加入黄瓜和香草。

辣酸奶、黄瓜和香草蘸酱

乳类素食 | 准备 + 烹饪时间 15 分钟 | 制作 420 克

这种清凉的拉伊塔式酱汁是生蔬菜的绝佳蘸料，也可以作为辛辣菜肴的清凉搭配。蘸酱最好在食用当天进行制作，最多可冷藏保存 3 天。

1 个黄瓜（约 130 克）

5 克海盐片

8 克新鲜香菜叶

8 克新鲜薄荷叶，另加

2 瓣蒜，压碎

1 个新鲜长绿辣椒，带籽，粗切碎

2.5 克孜然粉

280 克希腊酸奶

500 克红萝卜，切好，把萝卜切成一半或 ¼

1 将黄瓜纵向切成两半，去掉种子。把黄瓜粗磨碎，倒入一个中等大小的碗里，用盐调味。过筛，静置 5 分钟。用手挤压黄瓜，去除多余的水分。转移到一个中等大小的碗中。

2 同时，将香菜叶、薄荷叶、大蒜、辣椒、孜然和 15 克希腊酸奶搅拌至光滑。

3 将混合物加入有黄瓜和剩余酸奶的碗中，搅拌直到混合均匀。

4 用胡萝卜蘸酱吃。

烤芝麻毛豆

完全素食 | 准备 + 烹饪时间 25 分钟 | 4 人份

毛豆的种类有去壳的、带豆荚的、新鲜的或冷冻的。它们是一种超级健康的零食，不含麸质，热量低，不含胆固醇。此外，它们是蛋白质、铁和钙的极好来源。

500 克去壳毛豆（见提示）
10 毫升橄榄油
10 克黑芝麻
10 克白芝麻
2.5 毫升芝麻油
2.5 克盐片

1 将烤箱预热至220℃。在烤箱托盘上铺上烘焙纸。

2 将原料放入一个中等大小的碗中，搅拌均匀。将混合物铺在烤箱托盘上。

3 烤15分钟直到毛豆呈金黄色。

提示

你可以使用新鲜或冷冻（解冻）的毛豆。这些可从亚洲食品店和一些超市购买。把豆子放在一个耐热的碗里，上面放上热水，静置1分钟，可以快速解冻豆子。滤干水分，然后脱壳。

牛油果碎籽饼干

完全素食 | 准备 + 烹饪时间 1 小时 30 分钟 | 制作 50 块

当你制作饼干时，不要担心会有洞——这会给它们带来质感和个性。你也可以把饼干整张地放在一起，烤好后切成小块。

200 克长粒糙米
625 毫升水
200 克藜麦
500 克水
35 克芝麻
50 克亚麻籽
35 克芝麻籽
35 克葵花子
15 克切碎的新鲜柠檬百里香
15 克切碎的新鲜牛至
15 克切碎的新鲜迷迭香
5 克碎黑胡椒
10 克洋葱粉
盐和现磨的黑胡椒粉
1 个牛油果（约 250 克）
15 毫升柠檬汁
10 克芝麻籽，另加 45 克雪豌豆芽
少量漆树

1 预热烤箱至180℃。

2 将糙米和水放入小平底锅中，烧开。转小火，不盖盖子炖25分钟直到大部分水分蒸发。关火，盖上盖子，静置10分钟。用叉子将糙米弄松，铺在烤箱托盘上，放凉。

3 把藜麦和多余的水放在同一个锅里，煮沸。转小火，不盖盖子炖10分钟直到大部分水分蒸发；关火，盖上盖子，静置10分钟。用叉子将藜麦弄松，铺在烤箱托盘上，放凉。

4 将大米与一半藜麦加工成粗浆，转移到一个大碗里。加入剩下的藜麦、芝麻、亚麻籽、芝麻籽、葵花子、香草、黑胡椒和洋葱粉。用盐和黑胡椒调味。用手进行搅拌，之后分成4份。

5 在4个烤箱托盘上铺上烘焙纸。取出一张烘焙纸，将一部分面团平铺在烘焙纸上，用保鲜膜覆盖。然后用擀面杖把面团擀成1毫米厚的饼（见提示），丢弃保鲜膜，小心地将纸张提回到托盘上。用剩下的面团重复上述操作，直到都放到4个托盘上。将饼干切成5厘米×10厘米长方形或三角形。

6 饼干烤20分钟，用一张烘焙纸和第二个托盘盖住饼干，用烤箱手套握住热托盘，将饼干翻转到第二个托盘上，小心地取下衬纸。对剩余的托盘重复上述操作。把饼干再加热20分钟直到饼变得金黄酥脆，在托盘上冷却（见提示）。

7 上菜时，用叉子将牛油果和柠檬汁一起放入小碗中，大致搅拌，用盐和黑胡椒调味。两个盘子上各放4块饼干；在饼干上放上牛油果混合物、芝麻籽、雪豌豆芽和漆树。

芝麻和番茄牛油果酱配漆树脆片

完全素食 | 准备 + 烹饪时间 20 分钟 | 4 人份

在牛油果酱中加入芝麻会增加它的营养价值。芝麻虽然很小，但这些小东西是 ω-3 脂肪酸和抗氧化剂的极好来源，而且它们富含纤维素和蛋白质。

食用油喷雾

4 个黑麦面包（约 100 克）

7.5 克漆树

盐和现磨的黑胡椒粉

2 个中等大小的牛油果（约 500 克），粗切碎

80 毫升酸橙汁

1 个小红洋葱（约 100 克），切碎

60 克半干番茄，切碎

4 克新鲜香菜，粗切碎

2.5 克烟熏辣椒粉

22.5 克黑芝麻或白芝麻

2 个新鲜的红色长辣椒，切成薄片

1 将烤箱预热至 200℃。将 3 个烤箱托盘排成一行，铺上烘焙纸，喷上食用油。

2 将每片扁平面包切成 16 个三角形。单层放置在托盘上，喷些油；撒上漆树，用盐和黑胡椒调味，烤 5 分钟直到面包变得金黄酥脆。

3 将牛油果和酸橙汁放入一个中等大小的碗中，用叉子轻轻捣碎；加入红洋葱、番茄、香菜、辣椒粉、15 克芝麻和¾的辣椒，加盐调味。

4 将牛油果酱放入碗中，在上面放上剩余的辣椒和剩余的芝麻，与漆树脆片一起食用（见提示）。

提示

牛油果酱在冰箱中密封最多能保存两天。漆树脆片在室温下密闭容器中可保存 1 周。

纯素酸奶

你可以尝试用不同的坚果来制作这款酸奶。加入柠檬汁搅拌，就可以得到美味的酸奶。

基础纯素酸奶

素食 | 准备时间 5 分钟 + 静置 | 制作
625 毫升

将 150 克腰果和 160 克整粒焯过水的杏仁放入大碗中，用冷水浸泡。盖上盖子，放置 4 小时或过夜。捞出，用冷水冲洗。滤干水分，250 毫升水处理坚果，直到其形成酸奶般的稠度（见提示）。

西番莲酸奶

素食 | 准备时间 10 分钟 + 静置 | 制作
625 毫升

制作上边的基础酸奶，加入 3 个百香果

的果肉进行搅拌。

草莓双色酸奶

素食 | 准备时间 5 分钟 + 静置 | 制作
625 毫升

用 150 克腰果和 120 克山核桃制作上边基础酸奶。将 250 克草莓（见提示）搅拌至光滑的泥状。将草莓泥搅拌在酸奶中，形成漩涡状效果。

提示

· 纯素酸奶在冰箱中的保质期长达 1 周。
· 如果你愿意，可以用蓝莓或覆盆子代替草莓。

味噌杏仁酱配牛油果

完全素食 | 准备 + 烹饪时间 15 分钟 | 4 人份

这种多功能的坚果黄油酱也可用作沙拉的调味料或蔬菜蘸酱，抹在软糯的红薯上或搅拌在炒菜里，味道是非常鲜美的。你可以将其保存在密封容器中，并根据需要使用。

22.5 克白味噌

30 克杏仁黄油

30 毫升橄榄油

2.5 毫升芝麻油

15 毫升味醂

15 毫升水

盐和现磨的黑胡椒粉

2 个牛油果（约 500 克）

50 克烤腰果，粗切

2.5 克黑芝麻

1 将味噌、杏仁黄油、油、味醂和水倒入一个中等大小的罐子里搅拌至均匀，用盐和黑胡椒调味。

2 将未去皮的牛油果切成两半，去掉种子。用勺子把调味料舀进牛油果的凹陷处，撒上腰果和芝麻，即可食用。

烤酸甜鹰嘴豆和豆子

完全素食 | 准备 + 烹饪时间 1 小时 | 制作 300 克

你可以用干菜代替鹰嘴豆和其他豆子——先把它们浸泡一夜，然后在沸水中煮 1.5 小时，试着用不同的香料和香草来调味。

2 × 400 克鹰嘴豆罐头

2 × 400 克罐装黄油豆

15 毫升特级初榨橄榄油

15 克细磨碎的柠檬皮

10 克孜然粉

10 克香菜粉

5 克辣椒片

15 克椰子糖

盐和现磨的黑胡椒粉

1 将烤箱预热至220℃。在烤箱托盘上铺上烘焙纸。

2 将鹰嘴豆罐头、罐装黄油豆沥干水分，然后冲洗鹰嘴豆和黄油豆，放在一个耐热的碗里。用沸水浸泡，滤干水分，用纸巾擦干确保鹰嘴豆和其他豆类在烘烤过程中干燥、酥脆。

3 将鹰嘴豆和豆类放在烤箱托盘上，烘烤50分钟，偶尔搅拌，直到金黄酥脆（见提示）。

4 将烤鹰嘴豆和其他豆类转移到一个中等大小的碗中。加入橄榄油、柠檬皮、孜然粉、香菜粉、辣椒片和椰子糖。用盐和黑胡椒调味，搅拌至豆子均匀蘸到调料。

提示

将烤好的豆子在密封容器或罐子中最多可存放 4 天。

意大利式奶酪脆饼

乳蛋素食 | 准备 + 烹饪时间 1 小时 20 分钟 + 冷却 | 制作 20 块

这些美味的脆饼加了坚果和香料，更加酥脆可口。它们应该能在密封容器中保存 1 周，但如果变软了，把它们放回烤箱重新加热，就会恢复脆度。制作这些脆饼需要用无麸质自养面粉。

120 克杏仁粉

80 克自养面粉

10 克牛至干叶

2.5 克发酵粉

¼ 茶匙（1.25 克）辣椒粉

40 克细磨碎的素食帕尔马干酪（确保不含动物凝乳酶）

120 克粗磨碎的素食切达干酪

2 个鸡蛋

60 毫升橄榄油

1 将烤箱预热至180℃。在烤箱托盘上铺上烘焙纸。

2 将杏仁粉、面粉、牛至、发酵粉和辣椒粉混合在一个中等大小的碗中。加入素食帕尔马干酪和素食切达干酪，搅拌均匀。

3 在一个小罐子里搅拌鸡蛋和橄榄油，将鸡蛋混合物加入奶酪混合物中，用手把混合物混合在一起。把面团放到撒了少量面粉的面板上，定型，然后将混合物擀成25厘米长的圆柱状。将圆柱状混合物放在烤箱托盘上，稍微压平。

4 烘烤35分钟直至呈微褐色，在托盘上静置15分钟。

5 将烤箱温度降至160℃。

6 用一把大锯齿刀，将面饼斜切成1厘米的薄片。将切片单层放在烤箱托盘上，烤15分钟。把脆片翻过来，再烤12分钟直到稍微变成棕色，在架子上冷却。

奶酪卡琼爆米花

乳类素食 | 准备 + 烹饪时间 10 分钟 | 制作 7 杯（400 克）

　　这是一款适合看电影时食用的零食，它结合了奶酪和卡琼的辣味。冷却后的爆米花在密封容器中最多可以保存 3 天。

15 毫升橄榄油
25 克黄油
60 克爆粒玉米
10 克卡琼调味料混合物
10 克盐片
40 克细磨碎的素食帕尔马干酪

1 将橄榄油和黄油放入锅中，用中高火加热，直到开始起泡。

2 加入爆粒玉米、调味料和盐，用密封紧的盖子盖住平底锅。加热时，偶尔摇动平底锅，持续3~5分钟直到爆粒玉米爆裂停止。

3 将锅从炉子上取下。在爆米花中加入素食帕尔马干酪，搅拌至均匀。

种子素食帕尔马薯片

乳类素食 | 准备 + 烹饪时间 30 分钟 | 制作 24 片

这些素食帕尔马薯片制作简单，是一种美味的小吃。它们很适合掰碎撒在沙拉上，或与奶酪和橄榄一起食用，或者直接咀嚼。它们在密封容器中可储存 1 周。

160 克细磨碎的素食帕尔马干酪（确保不含动物凝乳酶）
15 克白芥籽
15 克亚麻籽
15 克白芝麻
现磨的黑胡椒粉

1 将烤箱预热至180℃。在两个大烤箱托盘上铺上烘焙纸。

2 将15克的素食帕尔马干酪放在托盘上。将其堆起压平至7.5厘米宽，片与片之间留出2.5厘米的空。在一个小碗里混合白芥籽、亚麻籽和白芝麻，每块撒上2.5克混合物。用黑胡椒调味。

3 将薯片烤12分钟直至呈淡金色，在托盘上冷却，转移到密闭容器中。

杜卡五香果仁什锦

蛋素食 | 准备 + 烹饪时间 35 分钟 + 冷却 | 制作 4 杯

果仁什锦由干果和坚果混合而成，可以作为徒步旅行时的零食。它重量轻，携带方便，在运动期间或运动后能快速提升能量。该小吃因加入了混合香料（杜卡）而变得更加美味。

140 克烤咸花生

160 克天然杏仁

70 克整粒去皮榛子

100 克南瓜子

50 克椰子片

2 个鸡蛋，轻轻打散

45 克杜卡

2.5 克食盐

40 克干醋栗

1 将烤箱预热至180℃。将两个烤箱托盘排成一行，铺上烘焙纸。

2 在一个大碗中混合坚果、南瓜子和椰子片。

3 在一个小碗中混合蛋清、杜卡和盐，加入坚果混合物，搅拌至混合均匀。将坚果混合物在烤盘中铺成一层。

4 烤10分钟，撒上葡萄干，再烤8~10分钟直到稍微变黄并散发出香味。在托盘上冷却。

5 将成品分成小块，储存在密封容器中（见提示）。

提示

成品在室温密封容器中可保存两周。

蔬菜豆腐卷

完全素食 | 准备 + 烹饪时间 45 分钟 | 4 人份

　　豆腐皮可以在亚洲食品店买到。如果你找不到豆腐皮，可以用新鲜的米粉或焯过水的卷心菜叶代替，之后按食谱要求蒸。

50 克米粉

15 毫升芝麻油

200 克香菇，切成薄片

100 克香菇，切边

3 杯切成细丝的卷心菜

200 克豇豆，切成薄片

1 个胡萝卜（约 120 克），切成火柴条

80 克豆芽

80 毫升炭烧酱

30 毫升塔玛里酱或酱油

30 克烤芝麻

4 张豆腐皮（约 125 克）

5 克玉米粉

1 将米粉放在一个耐热的小碗里，倒上沸水，直到米粉变软，滤干水分。

2 在炒锅中用大火加热芝麻油，将香菇炒 2 分钟直到呈金黄色变软。加入卷心菜、豇豆和胡萝卜，炒 1 分钟直到几乎变软。加入豆芽、米粉、30 毫升炭烧酱、一半塔玛里酱和一半烤芝麻，翻炒 30 秒直至热透。沥干水分，保留沥出来的水。

3 将豆腐皮切成两半，放上蔬菜混合物。像纸一样把两边折叠，之后继续滚动，将填充物包裹起来。用剩下的蔬菜混合物和豆腐皮重复上述步骤，一共做 8 卷。

4 将豆腐卷盖好，在一大锅沸水上蒸 10 分钟直到豆腐卷变软。

5 同时，将玉米粉和保留的烹饪液放入小平底锅中搅拌至混合均匀。加入剩余的炭烧酱、塔玛里酱和烤芝麻。将锅放在中高火上，煮 5 分钟直到汤沸腾变稠。

6 将蔬菜卷与酱汁一起上桌。如果你喜欢，可以撒上芝麻。

奶酪香草球

乳类素食 | 准备 + 烹饪时间 20 分钟 + 冷藏 | 制作 12 个球

两种类型的奶酪简单地滚成球状，上面覆盖香草，这是一种易于制作的美味冷开胃菜或零食。温和的奶油味，加上绿色的新鲜感，这些都是派对上的完美零食，也是适合任何时候食用的零食。

125 克奶油奶酪，室温

75 克新鲜山羊奶酪，室温

7 克切碎的新鲜平叶欧芹

15 克切碎的鲜香葱

1 在一个中等大小的碗中混合奶酪。

2 将10克混合物滚成球状，在混合香草中滚动球（见提示）。将球放在烤箱托盘上，冷藏1小时。

提示

这些奶酪球在冰箱的密闭容器中可以储存
1 周。

糙米能量球

完全素食 | 准备 + 烹饪时间 1 小时 + 冷藏 | 制作 12 个

把这些能量球塞进皮塔饼里或与沙拉一起包起来，再加上一点希腊酸奶、几茶匙塔希尼和柠檬汁制成的调味品，就可以做成一道午餐。

200 克中粒糙米

625 毫升蔬菜高汤

30 克塔希尼

30 克塔玛里酱

30 毫升苹果醋

30 克芝麻

2 根大葱，切碎

10 克碎生姜

盐和现磨的黑胡椒粉

30 克黑芝麻

30 克白芝麻

1 用自来水冲洗大米，直到水变清为止。将大米放入一个中等大小的平底锅中，加入蔬菜高汤，烧开。转小火，盖上盖子煮40分钟，直到汤汁几乎被吸收，大米变软。熄火，盖住盖子静置5分钟。

2 将热米饭转移到一个中等大小的碗中，立即加入塔希尼、塔玛里酱、醋、芝麻、葱和姜。用盐和黑胡椒调味。静置5分钟直到冷却至足以处理。

3 将两汤匙混合物滚成球状，加入混合好的芝麻。把这些球放在一个有烘焙纸里的烤盘上。食用前至少冷藏30分钟（见提示）。

提示

含有大米的配料应冷藏保存，绝不能放在室温下，否则会导致食物中毒。饭团可以冷藏存放 5 天。

甜点

从烤乳清干酪到纯素奶酪蛋糕，再到白巧克力布朗迪，这些都是与众不同的甜点。

梨巧克力黑麦面包布丁

乳蛋素食 | 准备 + 烹饪时间 1 小时 20 分钟 | 4 人份

    这种带有浓郁奶油味的布丁，增加了黑麦面包的甜味。黑麦面包通常不会出现在甜品的原材料中，它与甜梨和巧克力等形成了鲜明的对比。

300 克黑麦面包，撕成碎片

8 个小天堂梨（约 450 克），不去皮，对半切开，4 等分

40 克软化黄油

100 克黑巧克力（70% 可可粉），粗切碎

500 毫升牛奶

300 毫升奶油

60 毫升纯枫糖浆

3.75 克肉桂粉

一小撮盐

3 个鸡蛋

15 毫升纯枫糖浆，单独存放

1 将烤箱预热至160℃。在一个8杯（2升）的浅烤盘上刷油。

2 把撕碎的面包和切好的梨放在盘子里，加上黄油，然后撒上巧克力。

3 将牛奶、奶油、枫糖浆、肉桂和盐放在一个中等大小的平底锅中加热。在一个大的耐热碗里搅拌鸡蛋，慢慢地把热牛奶混合物搅拌到鸡蛋里，把混合物倒在面包混合物上。

4 烤50分钟直到布丁凝固。上菜前静置5分钟，淋上单独存放的枫糖浆。

覆盆子甜玉米冰激凌

完全素食 | 准备 + 烹饪时间 1 小时 30 分钟 + 静置和冷冻 | 制作 1 升

这种健康的非奶制品冰激凌是用玉米制成的，具有天然的奶油味和甜味。因为冰激凌是冷冻而成，所以冰激凌会稍微冰凉一些，在食用之前用玉米片将它们卷起来。

2 根修整过的玉米棒（约 500 克）

560 毫升椰子奶油

500 毫升无糖杏仁奶

55 克白砂糖

10 克香草精

125 毫升龙舌兰糖浆

225 克新鲜或解冻的冷冻覆盆子

玉米片

30 克白砂糖

15 毫升龙舌兰糖浆

15 毫升橄榄油

2.5 克香草精

80 克玉米片

1 用一把锋利的刀从玉米棒上切下玉米粒，留下玉米棒。将玉米粒、玉米棒、椰子奶油、杏仁奶和白砂糖放入一个大平底锅中，用中高火加热，煮沸。转小火，炖5分钟直到玉米变软。静置1小时。

2 扔掉玉米棒，将玉米混合物搅拌均匀。过滤玉米混合物，丢弃固体。加入香草精和80毫升龙舌兰糖浆，搅拌至混合均匀。

3 将玉米混合物转移到冰激凌机（见提示）。按照冰激凌的说明书制作冰激凌。

4 同时，将覆盆子与剩下的龙舌兰糖浆混合均匀。将覆盆子混合物搅拌到几乎冻结的冰激凌中，产生纹理，倒入一个4杯（1升）防冷冻容器中，冻一夜直到变硬。

5 制作酥脆的玉米片。将烤箱预热至150℃，在烤箱托盘上铺上烘焙纸。将白砂糖、龙舌兰糖浆、橄榄油和香草精放入一个小平底锅中，小火搅拌，直到糖溶解。将玉米片放入一个中等大小的碗中，加入糖浆混合物，搅拌均匀。将玉米片混合物铺在烤箱托盘上，烤25分钟直到稍微变成金色。冷却后，分成小块。

6 端上覆有玉米片的冰激凌。

提示

如果你没有冰激凌机，可以把玉米混合物放在面包盘中，然后盖上锡箔纸，冷冻 1 小时直到呈半冻状态。在食品加工机中混合，以分解冰晶。放回盘子里，盖上锡箔纸；重复冷冻和加工。将覆盆子混合物铲出，放回盘子里，盖上锡箔纸，冷冻 5 小时或过夜，直到冷冻成型。

伯爵灰巧克力素食芝士蛋糕

完全素食 | 准备 + 烹饪时间 20 分钟 + 静置和冷藏 | 10 人份

这种纯素芝士蛋糕不含芝士，而是以坚果为基础的，坚果具有更多的营养。当无花果还没有上市时，你可以在芝士蛋糕上撒上新鲜的覆盆子和杏仁片。你需要提前一天开始做这个蛋糕。

600 克生无盐腰果
8 个伯爵茶袋
25 克可可粉
230 克鲜枣，去核
200 克初榨椰子油
10 克香草精
8 个小无花果（约 400 克），撕成两半
10 克可可粉，单独存放

芝士蛋糕胚
170 克活化荞麦（见提示）
80 克野生杏仁
35 克可可粉
230 克鲜枣
50 克初榨椰子油
30 毫升温水
5 克香草精

提示

· 活化荞麦是经过浸泡、洗涤、漂洗和脱水的荞麦。据说，这样做有助于消化。
· 如果你有高功率搅拌机，可以在搅拌时使用，这样可使混合物非常平滑。

1 将腰果和茶叶袋放入一个大碗中，倒入冷水，静置 24 小时。

2 在 22 厘米（9 英寸，底座尺寸）的弹簧模盘上刷上椰子油，铺上烘焙纸。

3 制作芝士蛋糕胚。将荞麦、杏仁和可可粉磨细。打开食品加工机（见提示），加入枣、椰子油、水和香草精，搅拌至混合均匀，按压时混合物能粘在一起。

4 用勺子背面将混合物均匀地涂在锅底，冷藏 15 分钟直到变硬。

5 捞出腰果和茶叶袋，保留 125 毫升浸泡液。将腰果放入食品加工机（见提示）的碗中，把茶叶从茶包里取出，倒在腰果上。加入保留的浸泡液、可可粉、枣、椰子油和香草精；搅拌至尽可能均匀。将填充混合物涂抹在冷冻的基底上。冷藏至少 4 小时直到变硬。

6 上菜前，在芝士蛋糕上撒上无花果和单独存放的可可粉。

巧克力樱桃椰子棒

完全素食 | 准备 + 烹饪时间 30 分钟 + 冷藏和冷冻 | 制作 16 条

　　这些素食巧克力味道并不差，而且富含抗氧化剂。巧克力、樱桃和椰子这 3 种美味的食材被混合在一起，做成了一个更美味的小吃或午餐。

200 克素食巧克力，粗切碎（见提示）
150 克干樱桃，切碎
240 克干椰子
125 毫升大米麦芽糖浆
5 克香草精
80 毫升融化的椰子油

1 在18厘米×28厘米的平底锅底部和侧面铺上烘焙纸。

2 把一半的巧克力放在一个耐热的小碗里，放在一个炖锅上，用小火炖着（不要让碗碰到水），搅拌直到巧克力融化。把巧克力倒进平底锅里，平铺摊开。冷藏15分钟直至凝固。

3 把樱桃和椰子放在一个大碗里搅拌，加入糖浆、香草精和椰子油搅拌至混合均匀。将混合物均匀地压在巧克力上。

4 将平底锅中的水用中火加热。把剩下的巧克力放在保留的碗里，放在水上，搅拌至融化。将巧克力倒在樱桃椰子层上，用抹刀均匀涂抹。冷冻1小时直到凝固（或者冷藏3小时直到凝固），上桌前切块。

提示

素食巧克力在健康食品商店和一些超市都可以买到。

坚果奶

你可以用大多数坚果（如榛子、杏仁、腰果、山核桃）制作坚果奶（见提示）。如果你想让牛奶甜一些，可以加入纯枫糖浆、蜂蜜或蜜枣泥。

榛子奶

素食 | 准备时间 10 分钟 + 放置 | 制作 2 杯（500 毫升）

将 140 克去皮榛子放入大碗中，用冷水浸泡。盖上盖子，放置 4 小时或过夜。捞出，用冷水冲洗。用 500 毫升水在搅拌机（见提示）处理坚果，直至光滑。将混合物通过内衬细布的过滤器过滤到一个大碗中。将剩下的混合坚果留作其他用途（见提示）

五香坚果奶

素食 | 准备时间 15 分钟 + 放置 | 制作 2 杯（500 毫升）

用 140 克山核桃制作左侧的基础坚果奶。

加入肉桂、八角和藏红花丝，食用前先过滤。

香草坚果牛奶

素食 | 准备时间 10 分钟 + 放置 | 制作 2 杯（500 毫升）

用 70 克杏仁和 70 克腰果制作左侧坚果牛奶。将香草豆纵向切开，将种子刮入牛奶中，搅拌均匀。

提示
- 使用去皮或焯水的坚果会产生颜色更白的坚果奶。
- 使用高功率搅拌机可以制作出质地更平滑的坚果奶。
- 在 150℃的烤箱中烘干过滤后的混合坚果，可以撒在早餐麦片上或加入咖喱和面糊中。

烤乳清干酪布丁配橙子和红枣沙拉

乳蛋素食 | 准备 + 烹饪时间 1 小时 + 冷却和冷藏 | 4 人份

橙子和红枣的搭配是典型的中东风味,与乳清干酪蛋糕是完美的搭配。这款沙拉非常适合做晚宴上的菜品。

1 个橙子（约 240 克）

1 个血橙（约 240 克）

600 克意大利乳清干酪

3 个鸡蛋

80 毫升纯枫糖浆

2.5 克肉桂粉

4 个新鲜枣（约 80 克）去掉种子

30 克烤松仁

新鲜百里香小枝,供食用

橙汁

125 毫升鲜榨橙汁

30 毫升纯枫糖浆

1 根肉桂棒

2.5 克新鲜百里香叶

1 预热烤箱180℃。准备4个180毫升的烤盘。

2 把橙子皮磨碎,称取10克备用。从橙子和血橙上切下顶部和底部,沿着水果的曲线切掉白色的髓。拿着橙子,剪下白色薄膜的两侧,取出果肉。把血橙切成厚片,放一边。

3 将意大利乳清干酪、鸡蛋、糖浆、肉桂和橙皮用搅拌机搅拌均匀,把混合物均匀地倒入烤盘里制成布丁。

4 将布丁烘烤20分钟直到布丁的中心刚好凝固,冷却至室温,冷藏至少1小时直到变冷。

5 同时,制作橙汁。将原料放在一个小平底锅中煮沸;转小火,炖10分钟直到呈糖浆状。冷藏1小时直到变冷,取出肉桂棒。

6 在布丁上撒上橙子片、红枣、糖浆、松仁和百里香小枝。

金发女郎

乳蛋素食 | 准备 + 烹饪时间 1 小时 + 冷却 | 制作 16 块

金发女郎，又被称为金发布朗尼，是一种味道丰富且甜美的甜点。这款带有奶油味的坚果版本上面撒有开心果，呈现完美的金黄色，食用时撒上蜂蜜。

50 克白巧克力，粗切碎

100 克黄油，切碎

150 克白砂糖

2 个鸡蛋，轻轻打散

10 克碎橙皮

100 克无麸质普通面粉

75 克木薯粉

50 克糙米粉

60 克杏仁粉

45 克切碎的开心果

90 克蜂蜜

1 将烤箱预热至180℃。在19厘米方形蛋糕烤盘上抹上黄油，底部和侧面铺上烘焙纸。

2 将白巧克力和黄油放在锅中，用小火加热，搅拌5分钟直到巧克力融化变得光滑，关火，冷却5分钟。

3 把糖搅拌到巧克力混合物中。在这个阶段，混合物可能会出现在裂纹，但是一旦加入干的成分，它们就会结合在一起。加入鸡蛋和橙皮，搅拌均匀。加入过筛的面粉和杏仁粉，搅拌均匀。倒入锅中，撒上开心果。

4 烘烤40分钟，直到一根筷子插入中间，取出来时无附着物黏附。撒上蜂蜜，放凉后，切成16块（见提示）。

提示

金发女郎在密封容器中最多可保存 3 天。

无面粉杏仁、李子和橙花面包

蛋素食 | 准备 + 烹饪时间 1 小时 45 分钟 |6 人份

该面包不使用面粉，是传统面包的替代品，且更符合轻食理念，还无麸质。你也可以用其他坚果做面包，如小桃子或杏子。食用时最好搭配一壶热茶。

2 个绿色苹果（约 300 克），粗磨碎

2 个鸡蛋，轻轻打散

60 毫升无糖杏仁奶

30 毫升生蜂蜜或纯枫糖浆

10 克香草精

5 毫升橙花水

240 克杏仁粉

10 克无麸质发酵粉

5 个小李子（约 375 克），切成两半

10 毫升生蜂蜜或纯枫糖浆

30 克烤熟的椰子片

1 预热烤箱至160℃。在一个10.5厘米 × 21厘米 × 6厘米面包盘上铺上烘焙纸，并涂抹润滑油。

2 把苹果、鸡蛋、杏仁奶、蜂蜜、香草精和橙花水混合在大碗里，加入杏仁粉和发酵粉，搅拌至混合均匀。

3 将混合物倒入平底锅中，抹平表面；在上面放上李子，切面朝上，轻轻压入面糊里，淋上蜂蜜。

4 烘烤1.5小时直到一根筷子插入中间，取出来时无附着物黏附（见提示）。在上面撒上椰子片，趁热食用。

提示

在烘烤的最后 10 分钟，你可能需要用烘焙纸盖住面包，以防烘烤过度。

香蕉咖啡蛋糕配焦糖酱

乳蛋素食 | 准备 + 烹饪时间 1 小时 45 分钟 | 12 人份

这种蛋糕吸收了香蕉的甜味和咖啡的味道，是完美的茶点或餐后甜点。最好淋上美味的焦糖酱，趁热食用。

185 克黄油、软化、切碎
245 克颗粒状甜菊糖
3 个鸡蛋
335 克自养面粉
¼ 茶匙（1.25 克）盐
3.75 克小苏打
7.5 克肉桂粉
560 克香蕉泥（见提示）
10 克香草精
200 克酸奶油
100 克烤熟的核桃、切碎
60 毫升开水
15 克浓缩咖啡颗粒

焦糖酱

200 克大米麦芽糖浆

125 克黄油，软化，切碎

80 毫升增稠奶油

提示

· 制作两杯香蕉泥大约需要 4 个大香蕉。
· 蛋糕可以提前一天制作，储存于密封容器中，室温下放置在阴凉处。

1 将烤箱预热至180℃，在一个9英寸的圆形蛋糕盘上涂上润滑油，铺上烘焙纸。

2 将黄油和甜菊糖放入小碗中，用电动搅拌器搅拌至均匀苍白蓬松。加入鸡蛋，一次一个，直到刚刚混合均匀。把混合物转移到一个大碗里将咖啡放入开水中，搅拌均匀，加入碗中；加入过筛的干原料、香蕉泥、香草精、酸奶油、核桃，搅拌均匀，把混合物撒进平底锅里。

3 把蛋糕烤75分钟直到将一根筷子插入中心，取出时无附着物黏附。把蛋糕放在平底锅里静置5分钟，然后翻转，顶部朝上，放在金属架上冷却（见提示）。

4 同时，制作焦糖酱。把糖浆放在一个小容器里，用中火将平底锅烧开；煮12分钟或更长时间直到颜色稍微变深，表面覆盖着泡沫。立即加入黄油和奶油，搅拌直到混合均匀。

5 把蛋糕和焦糖酱一起上桌。

换算表

关于澳大利亚计量方式的说明

- 1 个澳大利亚法定计量单位量杯的容积约为 250 毫升。
- 1 个澳大利亚法定计量单位汤匙的容积为 20 毫升。
- 1 个澳大利亚法定计量单位茶匙的容积为 5 毫升。
- 不同国家间量杯容积的差异在 2 ~ 3 茶匙的范围内，不会影响烹饪结果。
- 北美、新西兰和英国使用容积为 15 毫升的汤匙。

本书中采用的计量算法

- 用杯子或勺子测量时，物料面和读数视线应是水平的。
- 测量干性配料最准确的方法是称量。
- 在量取液体时，应使用带有法定计量单位刻度标记的透明玻璃罐或塑料罐。
- 本书中使用的鸡蛋是平均重量为 60 克的大鸡蛋。

固体计量单位

法定计量单位	英制
15 克	½ 盎司
30 克	1 盎司
60 克	2 盎司
90 克	3 盎司
125 克	4 盎司（¼ 磅）
155 克	5 盎司
185 克	6 盎司
220 克	7 盎司
250 克	8 盎司（½ 磅）
280 克	9 盎司
315 克	10 盎司
345 克	11 盎司
375 克	12 盎司（¾ 磅）
410 克	13 盎司
440 克	14 盎司
470 克	15 盎司
500 克	16 盎司（1 磅）
750 克	24 盎司（1½ 磅）
1 千克	32 盎司（2 磅）

液体计量单位

法定计量单位	英制
30 毫升	1 液量盎司
60 毫升	2 液量盎司
100 毫升	3 液量盎司
125 毫升	4 液量盎司
150 毫升	5 液量盎司
190 毫升	6 液量盎司
250 毫升	8 液量盎司
300 毫升	10 液量盎司
500 毫升	16 液量盎司
600 毫升	20 液量盎司
1000毫升（1升）	1¾ 品脱

长度计量单位

法定计量单位	英制
3 毫米	⅛ 英寸
6 毫米	¼ 英寸
1 厘米	½ 英寸
2 厘米	¾ 英寸
2.5 厘米	1 英寸
5 厘米	2 英寸
6 厘米	2½ 英寸
8 厘米	3 英寸
10 厘米	4 英寸
13 厘米	5 英寸
15 厘米	6 英寸
18 厘米	7 英寸
20 厘米	8 英寸
22 厘米	9 英寸
25 厘米	10 英寸
28 厘米	11 英寸
30 厘米	12英寸（1英尺）

烤箱温度

这本书中的烤箱温度是参照传统烤箱的；如果你使用的是一个风扇式烤箱，需要把温度降低 10 ~ 20℃（℉）。

档 位	摄氏度（℃）	华氏度（℉）
超低火	120	250
低 火	150	300
中低火	160	325
中 火	180	350
中高火	200	400
高 火	220	425
超高火	240	475

致　谢

感谢索菲亚·杨（Sophia Young）、西蒙娜·阿奎琳娜（Simone Aquilina）、阿曼达·切巴特（Amanda Chebatte）和乔治亚·摩尔（Georgia Moore）对本书编写提供的帮助。澳大利亚悉尼《澳大利亚妇女周刊》按照本书的食谱制作，品尝并拍摄了食物的照片。

本译著由农业农村部食物与营养发展研究所任广旭、西北农林科技大学龙芳羽翻译并负责统稿，农业农村部食物与营养发展研究所成一新、刘小凡、邱金玲负责核对和整理。